投考公務員

ACO/CA測試

全攻略

修訂版

理文書主任
文書助理
應試天書

試題王 應試必備
面試熱門題目解碼

遴選應試策略
直擊考試實錄
投考公務員必備天書

Mark Sir 著

推薦序

　　助理文書主任（ACO）可以説是政府各政策局和執行部門內的「無名英雄」。ACO 負責辦公室內各式各樣的支援工作，以確保政府可以暢順正常運作。當中涉及人事、財務、統計、資訊科技和檔案管理等不同範疇，故 ACO 絕對是一個多姿多彩和富挑戰性的工作。

　　由於基本上所有政府部門都需要 ACO 的服務，所以 ACO 每三年左右便有機會被調到不同的部門工作，增廣見聞。

　　由於助理文書主任的入職門檻較寬鬆和待遇條件吸引，故近年愈來愈多人投考 ACO。「文化會社」出版了多本關於投考各政府職位的書本和舉辦研修班，備受好評。

　　本書精選了許多既實用又有啟發性的資訊、技巧和注意事項，一定有助大家脫穎而出，成功投考助理文書主任的空缺。

黃楚峰

前政務主任（AO）、曾任職民選港島大坑區區議員

前言

2016 年，政府公開招聘 700 名助理文書主任（Assistant Clerical Officer，簡稱 ACO）及 1,000 名文書助理（Clerical Assistant，簡稱 CA），結果破紀錄收到合共 7.5 萬份申請。根據以往經驗，只有兩至三成申請人成功通過技能測試進入面試階段。要在競爭激烈的環境突圍而出，殊不容易。

機會是留給有準備的人，若一心以為靠打「天才波」便可成功的話，可以說獲取錄的機會微乎其微。

由於近年政府各職系均出現退休潮，特別是文書職系，各部門急需文書人手補充，加上入職薪酬具吸引力，相信每當政府再作公開招聘文書職系員工的話，仍然會吸引很多應屆畢業生或在職人士投身公僕之列。

政府文書職系是一個很靈活的工種，主要職責是一般辦公室支援服務、人事、財務、會計、顧客服務、統計服務及資訊科技等。與私人企業一樣，若有需要時公務員會被調派到政府任何一個辦事處或要輪班工作。因此，文書職系可說是穩定又具一定挑戰性質的工作。

應徵者須接受中英文打字速度測試、電腦軟件（如 Word、Excel）的應用知識測試等，過關者可獲面試機會，考官可能問及與政府有關的問題，或觀察求職者的情緒智商（EQ）是否可以應付工作的需要及配合公務員團隊要求的團隊精神，故求職者面試時最緊要沉得住氣，免得留下不好的印象，失去入職機會。

本書輯錄了投考 ACO 及 CA 的甄選資訊，希望有助有志投考人士能夠做足準備，迎接挑戰！

Mark Sir

目錄

PART 01 公務員架構大檢閱

PART 02 助理文書主任與文書助理

PART 03 遴選應試策略

PART 04 直擊考試實錄

PART 05 公務員之福利

PART 06 考政府工必讀資料

PART 1 公務員架構大檢閱

公務員事務局簡介

　　政府的主要施政和行政工作，由政府總部內 13 個決策局及 61 個部門和機構執行。在各決策局、部門和機構工作的大部分人員均為公務員。

　　公務員事務局的首長是公務員事務局局長張雲正。公務員事務局局長是政治委任制度主要官員之一，亦是行政會議的成員，掌管公務員事務局，並就公務員政策、公務員隊伍的整體管理和發展向行政長官負責。公務員事務局局長的主要職責是確保公務員隊伍廉潔高效，為人信賴，竭誠為市民提供具成本效益的服務，以社會利益為依歸。

　　公務員事務局是政府總部屬下 13 個決策局之一，負責制定和執行公務員隊伍的管理政策，包括公務員的聘任、薪俸及服務條件、人事管理、人力策劃、統籌、培訓和紀律以及政府內部法定語文政策。

公務員事務局局長的編制下有一名或多名：

－公務員事務局常任秘書長

－副秘書長

－一般職系處長

－首席助理秘書長

而現今香港公務員所提供的服務範圍十分廣泛，分別如下：

－公共工程和設施

－清潔和公眾衞生

－教育

－消防

－警務

　　這些服務在很多國家都是由不同的公營機構分別負責，可見香港公務員所肩負的任務種類繁多。

公務員事務局架構圖
（截至 2017 年 1 月）

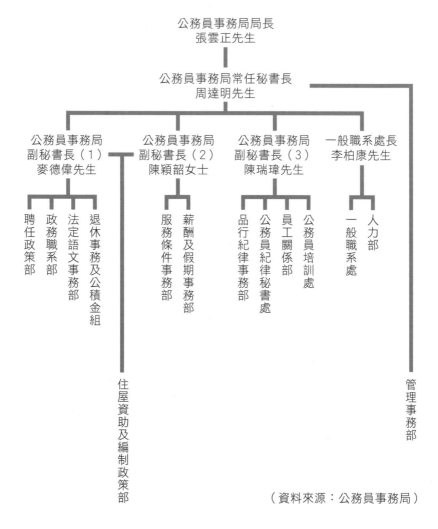

公務員事務局局長
張雲正先生

公務員事務局常任秘書長
周達明先生

公務員事務局
副秘書長（1）
麥德偉先生

公務員事務局
副秘書長（2）
陳穎韶女士

公務員事務局
副秘書長（3）
陳瑞瑋先生

一般職系處長
李柏康先生

聘任政策部

政務職系部

法定語文事務部

退休事務及公積金組

服務條件事務部

薪酬及假期事務部

品行紀律事務部

公務員紀律秘書處

員工關係部

公務員培訓處

一般職系處

人力部

住屋資助及編制政策部

管理事務部

（資料來源：公務員事務局）

公務員事務局目標、使命及信念

1. 目標

— 提升公務員的幹勁、抱負及知識水平，以確保香港擁有一支廉潔奉公、為人信賴、受人尊敬、富責任感的公務員隊伍，為市民提供優質服務。

2. 使命

— 提拔優秀公務員，為他們提供培訓和發展機會。

— 透過向市民提供優質服務，並與他們保持良好溝通，增強市民對政府的好感和信任。

— 通過教育和執行規則，使公務員進一步達到誠信不阿的最高標準。

— 營造一個有利的工作環境，讓公務員有足夠權責行事並發揮所長。

— 實施最高成效的人力資源管理措施，從而培育有效率及富責任感的員工。

— 促進一個以表現為推動力的工作文化，獎勵積極進取及力求上進的員工。

— 培育深厚的服務文化，讓員工對自己的工作產生歸屬感和自豪感。

— 推行有效的培訓措施、推動學習風氣，讓員工取得技能、提高工作能力。

3. 信念

— **化繁為簡：**取消不重要或不必要的工作、規則／工序、審核／批核程序。盡量把權力下放。謀事以智，而非以勤。

— **態度進取：**遇到不明朗情況或困境時，保持堅毅不屈的精神，主動解決問題。面對批評，絕不介懷。

— **大公無私：**時刻勉勵並支持下屬，對有功者不忘稱讚。只要符合規則，對全體人員一視同仁。

— **齊心協力：**與內部伙伴共用資訊、資源及人才，致力實現共同目標。

— **不斷學習：**孜孜不倦，學習新知識；吸取經驗，以求改善。

公務員事務局的權力來源

公務員事務局負責公務員隊伍的整體管理和發展，下列三份重要文件，列出管理公務員權力的來源以及執行管理工作的架構：

1.《公務人員（管理）命令》

2.《公務人員（紀律）規例》

3.《公務員事務規例》

而紀律部隊人員的品行和紀律，亦同時受到有關紀律部隊法例的規管。

1.《公務人員（管理）命令》：

《公務人員（管理）命令》是行政長官參照行政會議的意見，於 1997 年 7 月根據《基本法》第四章：政治體制第 48(4) 條而制定的（註 1）。

《公務人員（管理）命令》列明行政長官有權根據此命令聘任、解僱和紀律處分公務人員、處理公務人員的申訴、制定紀律規例，以及把某些權力和職務轉授他人。

而這些規定，大部分都是改編自 1997 年 7 月 1 日之前在本港施行的《英皇制誥》和《殖民地規例》中相應的條文。

制定《公務人員（管理）命令》使管理公務員方面的基本架構得以延續。

2.《公務人員（紀律）規例》：

《公務人員（紀律）規例》是根據《公務人員（管理）命令》而制定的，並且規管紀律處分的事宜以及解僱公務員的程序。除了部分須受各有關條例管限其紀律的公務人員（主要是紀律部隊員佐級人員）外，該規例適用於其餘大部分公務人員。

3.《公務員事務規例》：

《公務員事務規例》是行政長官制定或授權制定的行政規例。

這套規例詳列了公務員事務局局長以及各部門或職系首長執行對公務員隊伍的日常管理工作的權力、公務人員的聘用條款和服務條件，以及在紀律和工作表現方面應該符合的標準，是管職雙方在公務員的日常管理上主要的參考依據。

公務員事務局會發出各種通告及通函，以對各條規例作出補充和闡釋。公務員事務局局長獲得授權，可以修訂、補充、施行、解釋和批准豁免遵行《公務員事務規例》。

（註1）：《基本法》第四章：政治體制第48條

香港特別行政區行政長官行使下列職權：

- 領導香港特別行政區政府；
- 負責執行本法和依照本法適用於香港特別行政區的其他法律；
- 簽署立法會通過的法案，公佈法律；簽署立法會通過的財政預算案，將財政預算、決算報中央人民政府備案；
- 決定政府政策和發佈行政命令；
- 提名並報請中央人民政府任命下列主要官員：各司司長、副司長、各局局長、廉政專員、審計署署長、警務處處長、入境事務處處長、海關關長；建議中央人民政府免除上述官員職務；
- 依照法定程序任免各級法院法官；
- 依照法定程序任免公職人員；
- 執行中央人民政府就本法規定的有關事務發出的指令；
- 代表香港特別行政區政府處理中央授權的對外事務和其他事務；
- 批准向立法會提出有關財政收入或支出的動議；
- 根據安全和重大公共利益的考慮，決定政府官員或其他負責政府公務的人員是否向立法會或其屬下的委員會作證和提供證據；
- 赦免或減輕刑事罪犯的刑罰；
- 處理請願、申訴事項。

知多點

最多公務員的 12 個政府部門（截至 2016 年 9 月）

部門	實際人數
警務處	32,958
消防處	10,129
食物環境衞生署	10,083
康樂及文化事務署	8,826
房屋署	8,466
入境事務處	7,032
懲教署	6,602
衞生署	5,943
海關	5,895
社會福利署	5,612
郵政署	5,048
教育局	5,045
其他	54,288

（資料來源：公務員事務局）

PART 2 助理文書主任與
文書助理

認識助理文書主任

1. 職責

助理文書主任（ACO）主要執行與下列一項或多項職能範圍有關的一般文書工作：

a. 一般辦公室支援服務

- 檔案管理
- 收發及傳遞服務
- 部門設施、辦公地方及樓宇管理
- 物料供應

b. 人事

- 人事聘任及人手編制
- 假期及旅費
- 薪金和津貼／福利
- 員工培訓、評核和紀律

c. 財務及會計

- 開支、收入及基金管理
- 成本計算及核數

d. 顧問服務

- 接辦市民意見及投訴
- 售賣門票或預訂場地
- 回覆電話或訪客查詢
- 安排宣誓及預約法律指導服務
- 展示或派發資料、宣傳物品
- 出售物品

e. 發牌及註冊

- 回答查詢及協助市民填寫申請表
- 核對文件，並面見申請人
- 處理申請、發出繳費單
- 擬備證書／牌照
- 就違反持牌條件發出警告信
- 編制周期報告和統計報表

f. 法律和司法

- 更新《香港法例》；擬備判例和引例目錄供律師查看
- 協助各級法院備審案件流動審訊表
- 協助解答查詢，及協助有關職位工作，跟進法庭判決及指令
- 擬備各類法律文件及數據
- 就向政府索償而達成和解的案件擬備有關取消索償書工作的文件
- 各級法庭開庭前的準備工作等

g. 統計職務

- 收集及整理所發出的問卷
- 整理及修正資料
- 向未交還問卷者發出催交信
- 收集及整理統計資料
- 編制統計表和報表
- 協助擬備報告
- 回覆市民及其他機構／政府部問的查詢

h. 資訊科技

− 管理備存紀錄

− 向新用戶發送有關使用電腦系統的通知，以及通知各部門用戶新的電郵地址。

− 協助利用電腦系統儲存的資料印製報告，並把報告分發予有關人員。

− 協助管理資訊科技器材

i. 其他部門支援服務

− 香港警務處證物室文員

− 懲教署內與在囚人士有關的職務

− 康樂及文化事務署圖書館文員

− 差餉物業估價職務

− 學生資助辦事處職務

− 小學學校書記職務

ACO 會被調派至本港任何一個地區的政府辦事處工作，在執行職務時須使用資訊科技應用軟件，並可能須不定時或輪班工作和在工作時穿著制服。

2. 入職條件

申請人必須：

a. （i）在香港中學文憑考試五科考獲第 2 級或同等【註（1）】或以上成績【註（2）】，其中一科為數學，或具同等學歷；或 (ii) 在香淹中學會考五科考獲第 2 級 [註 (3)]/E 級或以上成績【註（2）】，其中一科為數學，或具同等學歷；

b. 符合語文能力要求，即在香港中學文憑考試或香港中學會考中國語文科和英國語文科考獲第 2 級【註（3）】或以上成績，或具同等學歷；以及

c. 中文文書處理速度達每分鐘 20 字及英文文書處理速度達每分鐘 30 字，並具備一般商業電腦軟件的應用知識【註（4）】。

註：

（1）政府在聘任公務員時，香港中學文憑考試應用學習科目（最多計算兩科）「達標」成績，以及其他語言科目 E 級成績，會被視為相等於新高中科目第 2 級成績。

（2）有關科目可包括中國語文科及英國語文科。

（3）政府在聘任公務員時，2007 年前的香港中學會考中國語文科和英國語文科（課程乙）E 級成績，在行政上會被視為等同 2007 年或之後香港中學會考中國語文科和英國語文科第 2 級成績。

（4）申請人如獲邀參加中文及英文文書處理速度測驗及一般商業電腦軟件（Microsoft Office 2007 Word 及 Excel）應用知識測驗，通常會接獲通知。申請人如未獲邀參加上述測驗，可視作已經落選。

（5）所有公務員職位的招聘程序均設有《基本法》知識測試。獲邀出席招聘面試的申請人，須參加在面試開始前或結束後舉行的《基本法》筆試。申請人在《基本法》知識測試取得的成績，會用作評核其整體表現的其中一個考慮因素。

3. 薪酬

　　ACO 的起薪點為總薪級表第 3 點（每月 13,735 元）至總薪級表第 15 點（每月 28,040 元）（由 2016 年 4 月 1 日起）。

4. 聘用條款

　　獲取錄的申請人通常會按公務員試用條款受聘三年。於通過試用期限後，或可獲考慮按當時適用的長期聘用條款受聘。

5. 晉升階梯

高級文書主任（SCO）
（起薪點每月 39,350 元，頂薪每月 49,445 元。）

文書主任（CO）
（起薪點每月 29,455 元，頂薪每月 37,570 元。）

助理文書主任（ACO）
（起薪點每月 13,735 元，頂薪每月 28,040 元。）

　　一般來說，文書主任（CO）會透過招聘，或由 ACO 晉升，跨部門調派，以及培訓合適人選等。

認識文書助理

1. 職責

文書助理（CA）主要執行與下列一項或多項職能範圍有關的一般文書工作，其中可能涉及多類範疇職務：

a. 一般辦公室支援服務

b. 人事

c. 財務及會計

d. 顧客服務

e. 發牌及註冊

f. 統計職務

g. 資訊科技支援服務

h. 其他部門支援服務

文書助理會被派往本港各區的政府辦事處工作；執行職務時須應用資訊科技；或須不定時或輪班工作，以及穿著制服當值。

2. 入職條件

申請人必須：

a. 已完成中四學業，其中修讀科目應包括數學，或具備同等學歷；

b. 具相當於中四程度的中、英文語文能力；以及

c. 中文文書處理速度達每分鐘 20 字、英文文書處理速度達每分鐘 30 字和具備一般商業電腦軟件的應用知識。

＊註：

（1）申請人如獲邀參加中文及英文文書處理速度測驗及一般商業電腦軟件（包括 Microsoft Office Word 2007 及 Excel 2007）應用知識測驗，通常接獲通知。申請人如未獲邀參加上述測驗，可視作已經落選。

（2）如申請人亦已按於刊登的招聘廣告申請助理文書主任職位，並且符合資格參加技能測驗，只須就申請的兩個職位（即助理文書主任及文書助理）參加一次技能測驗。有關測驗成績將用作評核申請人是否符合資格參加個別職位的遴選面試。

（3）所有公務員職位的招聘，均會包括《基本法》知識的評核。獲邀參加遴選面試的申請人，其對《基本法》的認識會在面試中以口頭提問形式被評核。除非兩位申請人的整體表現相若，招聘當局才會參考申請人在基本法知識測試中的表現。

3. 薪酬

總薪級表第 1 點（每月 11,395 元）至總薪級表第 10 點（每月 21,255 元）（由 2016 年 4 月 1 日）。

4. 聘用條款

獲錄取的申請人通常會按公務員試用條款受聘三年。通過試用期限後，或可考慮按當時適用的長期聘用條款聘用。

5. 晉升階梯

高級文書主任（SCO）

（起薪點每月 39,350 元，頂薪每月 49,445 元。）

文書主任（CO）

（起薪點每月 29,455 元，頂薪每月 37,570 元。）

助理文書主任（ACO）

（起薪點每月 13,735 元，頂薪每月 28,040 元。）

文書助理（CA）

（起薪點每月 11,395 元，頂薪每月 21,255 元。）

文書處理簡介

1. 常用公文

為什麼要書寫公文？

－成為紀錄及用作將來參考

－把複雜事情具體列出方便讀者了解

－把資料廣泛流傳

2. 公文種類

常用公文有那些種類

a. 便箋（Memoranda）

b. 公函（Official Correspondance）

c. 錄事（File Minute）

d. 通告（Circulars）

e. 告示（Bulletin）

f. 會議紀錄（Record of meeting）

g. 宣傳單張（Information leaflets）

便箋（Memoranda）

便箋是什麼？

— 政府內部所使用的簡短文件

— 作為內部洽談公事、處理事務以及互通消息之用

— 常見於部門與部門及部門組別之間，例如人事部與會計部的
  通訊

便箋格式樣本

機　密

傳眞文件

便箋

發文人：＿＿＿＿＿＿＿＿　　　受文人：＿＿＿＿＿＿＿＿

檔　號：＿＿＿＿＿＿＿＿　　　　　（經辦人）

　　　　　　　　　　　　　　　經：＿＿＿＿＿＿＿＿

電　話：＿＿＿＿＿＿＿＿　　　來文檔號：＿＿＿＿＿＿＿

傳　眞：＿＿＿＿＿＿＿＿　　　日　期：＿＿＿＿＿＿＿＿

日　期：＿＿＿＿＿＿＿＿　　　傳　眞：＿＿＿ 總頁數：＿＿＿

標　題

＿＿＿＿＿＿＿＿＿＿＿＿＿＿＿＿＿＿＿＿＿＿＿＿

＿＿＿＿＿＿＿＿＿＿＿＿＿＿＿＿＿。

＿＿＿＿＿＿＿＿＿＿＿＿＿＿＿＿＿＿＿＿＿＿＿＿

＿＿＿＿＿＿＿＿＿＿＿。

＿＿＿＿＿＿＿＿＿＿＿＿＿＿＿＿＿＿＿＿＿＿＿＿

＿＿＿＿＿＿＿＿＿＿＿＿＿＿＿＿＿＿＿＿＿＿＿＿

＿＿＿＿＿＿＿＿＿＿＿＿＿＿＿＿＿。

發文職銜
（代行人姓名　簽名代行）

連附件
副本送：

機　密

便箋寫作注意事項

1. 視乎需要，在便箋頭和便箋末的中央部份，列明機密等級（如「高度機密 Secret」、「機密 Confidential」、「限閱 Restricted」等）。

2. 視乎需要，在右上方註明送遞方式和優先次序，如「專遞急件」、「特急件」、「急件」或「傳真急件」等。

3. 各機關或政府部門之間的往來便箋，發文者和受文人應該是機關或部門首長；至於內部單位之間的便箋，發文人和受文人應該是單位主管。

4. 假如受文的人數目眾多，可在「受文人」一欄註明「參見分發名單」，然後在箋末「附件」之下，加「分發名單」一項，載列全部受文人。

5. 如知道經辦人的姓名及職銜，可在受文人下方註明，並加上括號，方便受文部門或單位的收發處把便箋直接送達經辦人。如須經其他人員閱讀後才轉交受文人，應用「經：」啟首，列出相關人員的職銜，但毋須加括號。

6. 宜在正文之上中央位置加上標題，扼要說明便箋的主題。標題可用粗體字排印或加底線。

7. 正文每段的第一行要縮入兩格。

8. 正文第二段起用阿拉伯數字標註段數。

9. 下款先具列發文人職銜和姓名，方才簽署或蓋章。如由下屬代行，下款先寫出發文人的職銜，另行寫代行人姓名，並由代行人簽署或蓋章。

10. 如有附件，應註明「連附件」，或用「附件：」啟首，把附件逐一列出。

11. 如有副本發送，應註明「副本送」或「副本分送」。列出副本受文人後，可加註其他資料，例如「不連附件」、「經辦人」等。

公函
(Official Correspondance)

公函是什麼？

— 用途廣泛，不論公務員與市民或社團聯絡，或是政府部門的
溝通，用於處理問題皆可使用。

— 政府內部一些較為個人的事情，例如個別員工的遞升調配、
只要與部門工作有關，也可以採用公函。

公函格式樣本

（部門信箋）

檔號：(3) in CSB/01/I

來函檔號：

傳眞急件

收信人地址

所屬部門 / 單位

收信人職銜

收信姓名

收信人稱謂：

標題

_____

_____

_____ 。

_____

_____ 。

連附件

副本送：

XXXX年XX月XX日

公函寫作注意事項

1. 視乎需要，在信箋上方中央位置，列明機密等級（如「高度機密 Secret」、「機密 Confidential」、「限閱 Restricted」等）。

2. 書寫公函應採用部門信箋

3. 註明發文機關檔號和來函檔號，方便發信人及收信人歸檔、翻查和跟進。

4. 視乎需要，在信箋右上方註明優先次序和送遞方式，例如「急件」、「特急件」、「專遞急件」、「傳真急件」等。

5. 根據實際需要，寫上收信人的地址、所屬部門／單位、職銜和姓名。

6. 收信人的稱謂在正文之前。

7. 宜在首段上方中央位置加上標題，扼要説明公函的主題。標題可用粗體字排印或加底線。

8. 正文每段第一行縮入兩格

9. 橫式公函內文標註段數與否，可自由選擇。如標註段數，宜使用阿拉伯數字，並由第二段開始標示。

10. 下款先具列發文人職銜和姓名，方才簽署或蓋章。如由下屬代行，下款先具列發文人的職銜，另行寫代行人姓名，並由代行人簽署或蓋章。

11. 如有附件，應註明「連附件」，或用「附件：」啟首，把附件逐一列出。

12. 如有副本發出，應註明「副本送」或「副本分送」。列出副本受文人後，可加註其他資料，例如「不連附件」、「經辦人」等。

13. 日期自成一行，寫在信末的左下方。

錄事（File Minute）

錄事是什麼？

－向上司尋求指示／意見

－通知上司、同事或下屬已採取了行動

－向同事索取資料

－給下屬指示

－紀錄已採取行動

錄事規格

錄事的規格怎樣？

－ 每一錄事都給予號碼，例如：前一個錄事是 M.1，下一個錄
　事就是 M.2，而再下一個錄事就是 M.3，如此類推。

－ 如果錄事很簡短，例如：少過十行，可以手寫。

錄事格式樣本

File No. _____ Page_____

(M.1)

受文人職銜
經：_____

或

檔案紀要

標題

_____

_____
_____
_____ 。

發文人職銜　簽名
發文日期

錄事寫作注意事項

1. 錄事必須寫在錄事頁上

2. 每一錄事頁須填上所屬檔案的檔號，並依次編寫頁數。

3. 同一檔案的錄事，自成一組，依次編號。每則錄事都要在開端中央位置標明編號，並加底線。

4. 上款須列明受文人的職銜。如要其他人員先行閱讀錄事內容，才轉交受文人省覽，應在上款受文人職銜之下，用「經：」啟首，列出相關人員的職銜。公務員口頭洽商公事，可在錄事頁上撰寫檔案紀要，作備案記錄用。格式與錄事相若，上款以「檔案紀要」取代受文人職銜。

5. 可因應需要加上標題，扼要說明錄事的主題。

6. 正文每段第一行縮入兩格。

7. 正文第二段起用阿拉伯數字標註段數。

8. 下款列明發文人職銜，並由發文人親筆簽署，簽署全名或簡簽均可。

9. 發文日期寫在發文人職銜之下，一般採用西式寫法，如「11.7.2016」。

10. 如要把錄事送交其他人員備考或把錄事副本送交其他人員，應在下款和發文日期之後，另行註明相關人員的職銜。

通告（Circulars）

通告是什麼？

－主要用來發布或傳遞消息，例如政府一些政策，措施或重要事
項。

通告格式樣本

機　密

檔號：CSB/01/I　　　　　　　　　　　　　　　　　　　　急件

XXX署通告第xx/xx號
（注意：　　　　）

標　題

小標題

_____
_____ 。

小標題

_____
_____ 。

　　　(a)_____ 。

　　　(b)_____ 。

發文人職銜和姓名　簽名

附件：（一）⋯⋯
　　　（二）⋯⋯
　　　（三）⋯⋯

XXXX年X月X日

通告寫作注意事項

1. 視乎需要，在通告上方中央位置註明機密等級，例如「機密」、「限閱文件」等。
2. 視乎需要，在通告右上方註明優先次序和送遞方式，例如「急件」、「特急件」、「專遞急件」、「傳真急件」等。
3. 通告通常按性質註明類別，並逐年編上序號，方便徵引。通告名稱及序號寫在檔號之下的中央位置。由部門發出的通告，宜冠上部門名稱，以資識別。
4. 在通告名稱和序號之下，註明傳閱等級或傳閱對象，或先列出分發名單和副本分送名單，然後另行列明傳閱等級和傳閱對象，
5. 在正文之上的中央位置加上標題，扼要說明通告主題，標題可用粗體字排印或加底線。
6. 如有需要，可在正文內加小標題。
7. 正文每段第一行縮入兩格。
8. 正文第二段起用阿拉伯數字標註段數。

9. 下款先具列發文人職銜和姓名，方才簽署或蓋章。如由下屬代行，下款先寫出發文人的職銜，另行寫代行人姓名，並由代行人簽署或蓋章。

10. 如有附件，應註明「連附件」，或用「附件：」啟首，把附件逐一列出。

11. 如通告開首並無列出分發名單和副本分送名單，可在下款之後註明。

12. 日期自成一行，寫在通告末的左下方。

會議紀錄
（Record of meeting）

會議紀錄是什麼？

— 是把會議的資料和會上的發言、報告、討論、決議等內容記錄下來。

— 撰寫會議記錄的首要原則，是客觀如實地記述會議的過程和討論結果。

會議紀錄格式樣本

機密

XXX委員會第X次會議紀錄

日期：XXXX年X月X日
時間：下午X時正
地點：XXX署總部X樓會議室

出席者： XXX先生（主席）　　　　　XXX署XX主任

　　　　（其他與會者姓名）　　　　（職銜）

　　　　XXX女士（秘書）　　　　　XX署XXX主任

列席者： XXX先生　　　　　　　　　（職銜）
　　　　（講解XXX x/xx號文件）

因事缺席者： XXX先生（因病告假）　（職銜）

機密

機密

負責人

開會詞

_____

_____

通過上次會議記錄

_____

_____ 。

報告事項
小標題

_____

_____ 。

前議事項
小標題
（上次會議記錄第x段）

_____

_____ 。

小標題
（上次會議記錄第x段）

_____

_____ 。

機密

機密

負責人

新議事項
小標題
（文件編號：XXX xx/xx）

_____ XXX主任
_____。 （人事）

（會後補註：_____。）

小標題

_____ XXX經理
_____。

　　　(a) _____

　　　(b) _____

其他事項
小標題

_____
_____。

下次會議日期

_____
_____。

機密

員責人

散會詞

_____

散會時間

_____

本會議記錄於XXXX年X月X日正式通過。

_____
簽名
主席XXX

_____
簽名
秘書XXX

副本送：XXX署XXX主任

XXX署XX組
XXXX年X月X日

檔號：XXX xx/xx

會議記錄寫作注意事項

1. 會議記錄如屬機密文件，須在每頁頂部和底部中央位置註明。

2. 標題主要說明是哪個會議的記錄。除非會議只舉行一次，否則應同時註明會次。標題可用粗體字排印或加底線。

3. 開會日期、時間和地點應清楚列出。

4. 會議主席的姓名通常排在出席者之首。

5. 會議秘書或記錄員的姓名通常排在出席者之末。假如秘書或記錄員並非會議的正式成員，則排在列席者之末。

6. 如有需要，可在列席者的姓名下面註明列席的原因。

7. 如有需要，可在缺席者的姓名下面註明缺席的原因。

8. 假如執行或跟進工作由個別人員負責，這欄應稱為「負責人」；假如只具部門名稱，則稱為「負責部門」。

9. 正文每段第一行縮入兩格。第二段起用阿拉伯數字標註段數。

10. 會議記錄的項目與議程相同，但可因應會議的實際情況而有所增刪。

11. 各個項目之下加上小標題，標示不同事項。

12. 如會議結束後有資料需要補充，可在有關段落下面，以會後補註的方式交代。

13. 註明主席和秘書簽署確認會議記錄的日期。會議記錄的擬稿通常會先行分發與會人士審閱，以便秘書收集修訂建議，待訂正後才在下次會議席上提出，由出席者正式通過。通過日期由於須待主席和秘書簽署作實後才填上，因此一般會在擬稿階段留空，並較發文日期遲。

14. 會議記錄經大會通過後，須由主席和秘書簽署。

15. 在主席和秘書簽名之下，註明「副本送」或「副本分送」，列出副本受文人。

16. 在副本分送名單之後，註明擬備會議記錄的部門或組別名稱。

17. 發出會議記錄供與會者審閱的日期寫在倒數第二行。

18. 檔號寫在最後一行，方便歸檔、翻查和跟進。

解構公務員文書及秘書職系

1. 簡介

文書及秘書職系（Clerical and Secretarial Grades）負責提供多個範疇的一般支援及前線服務，人員總數大約為 2 萬多人，而為了符合成本效益，以及向決策局及部門提供具成效和高效率的支援服務，該職系人員均由一般職系處中央管理，並會調派往各決策局及部門工作。

多年來，該職系的管方已經透過加強電腦技能培訓和設施，已把文書及秘書職系發展為一支多技能的支援隊伍，以配合現今的服務需求。

2. 文書及秘書職系架構

政府目前有 8 個文書及秘書職系，並分為 16 個職級，詳情如下：

文書及秘書職系及職級 （Clerical and Secretarial Grades and Ranks）	
職系（Grade）	職級（Rank）
文書主任 （Clerical Officer，簡稱 CO）	高級文書主任 （Senior Clerical Officer，簡稱 SCO）
	文書主任（CO）
	助理文書主任 （Assistant Clerical Officer，簡稱 ACO）
文書助理 （Clerical Assistant，簡稱 CA）	文書助理（CA）
辦公室助理員 （Office Assistant）	辦公室助理員（Office Assistant）
私人秘書（Personal Secretary）	高級私人助理（Senior Personal Assistant）
	私人助理（Personal Assistant）
	高級私人秘書（Senior Personal Secretary）
	一級私人秘書（Personal Secretary I）
	二級私人秘書（Personal Secretary II）
打字督導 （Supervisor of Typing Services）	打字督導（Supervisor of Typing Services）
機密檔案室助理 （Confidential Assistant）	機密檔案室高級助理 （Senior Confidential Assistant）
	機密檔案室助理（Confidential Assistant）
打字員（Typist）	高級打字員（Senior Typist）
	打字員（Typist）
電話接線生 （Telephone Operator）	電話接線生（Telephone Operator）

3. 職系編制

截至 2016 年 9 月 30 日，文書及秘書職系的編制如下：

文書及秘書職系的編制	
職系	編制數目（以人為單位）
文書主任（CO）	13,187
文書助理（CA）	8,862
辦公室助理員（Office Assistant）	927
私人秘書（Personal Secretary）	1,930
打字督導（Supervisor of Typing Services）	18
機密檔案室助理（Confidential Assistant）	310
打字員（Typist）	439
電話接線生（Telephone Operator）	20
總計	25,693

4. 職系管理

　　一般職系處負責中央處理文書及秘書職系人員的招聘、晉升、部門之間的調職、培訓和事業發展等事宜，並負責制定和推行人力資源管理政策，以便有效地管理文書及秘書職系人員。

　　至於文書及秘書職系人員的日常管理和調配，則由決策局及部門處理。

5. 培訓及發展

一般職系處致力為文書及秘書職系人員提供合適的培訓，讓他們具備所需的技能、知識以及工作態度，為市民提供高質素的服務。

培訓課程內容廣泛，由各類的工作技能、語文、人力資源管理以至工作文化等，藉以提高職系人員的工作表現及靈活性，以及變通和適應變革的能力。

6. 員工關係

一般職系處會透過通訊和通告／信件等渠道，與文書及秘書職系人員保持緊密溝通。

一般職系處長會定期與文書及秘書職系人員協會舉行會議，遇有特別課題時，則會安排討論會／簡報會。

而為了進一步加強管職雙方的溝通，一般職系處鼓勵部門成立一般職系協商委員會，並透過定期會議，讓部門管方與一般職系的員方代表商討部門內的事宜／新措施及員工福利事宜。一般職系處會派代表出席這些會議，就員方對職系管理的政策及有關事宜所提出的意見和查詢作出回應。

公務員總薪級表

1. 高級文書主任（SCO）

薪點	月薪
27	$49,445
26	$47,420
25	$45,120
24	$43,145
23	$41,200
22	$39,350

2. 文書主任（CO）

薪點	月薪
21	$37,570
20	$35,780
19	$34,085
18	$32,470
17	$30,945
16	$29,455

3. 助理文書主任（ACO）

薪點	月薪
15	$28,040
14	$26,700
13	$25,415
12	$23,970
11	$22,560
10	$21,255
9	$20,060
8	$18,840
7	$17,685
6	$16,590
5	$15,605
4	$14,625
3	$13,735

4. 文書助理（CA）

薪點	月薪
10	$21,255
9	$20,060
8	$18,840
7	$17,685
6	$16,590
5	$15,605
4	$14,625
3	$13,735
2	$12,890
1	$12,120

註：薪點由 2016 年 4 月 1 日起

提提你
公務員晉升方程式

　　公務員職系中較高職級的空缺，通常以晉升的方式提升職系中較低職級的人員來填補。

　　公務員的晉升，是以有關人員的品格、能力、經驗及晉升職位所要求的學歷或資歷決定。獲晉升的人員，一定要是最優秀的人員，並有能力應付較高級職位的工作。只有在其他因素未能分辨出最優異和最合適的人選時，年資才會被考慮。

　　所有符合資格的人員，不論屬於何種聘用條款，會在相同的標準下獲得考慮。

PART 3　遴選應試策略

遴選程序

政府公開招募，並接受申請。

技能測驗（Skill Test）

面試（Selection Interview）

聘任（Appointment）

助理文書主任公開招聘計劃時間表

文書及秘書職系的編制		
階段	程序	時間
1	助理文書主任職位申請日期	*註（1）留意政府於政府職位空缺查詢系統及公務員事務局網頁的公布
2	技能測驗（中、英文文書處理速度測驗，以及一般商業電腦軟件應用知識測驗，包括 Microsoft Office Word 2007 及 Excel 2007）	*註（2）公布招聘詳情後約 1 至 6 個月內 *註（5）
3	遴選面試及《基本法》知識測試	*註（3）階段 2 之後約 1 至 7 個月內 *註（5）
4	發出第一批聘書	*註（4）階段 3 之後約 1 個月內 *註（5）
5	發出遴選面試之最後結果	階段 4 之後約 6 至 7 個月 *註（5）

＊註（1）

申請人必須：

a.（i）在香港中學文憑考試 5 科考獲第 2 級或同等【註（A）】或以上成績【註
（B）】，其中一科為數學，或具同等學歷；或 (ii) 在香港中學會考 5 科考獲
第 2 級【註（C）】/E 級或以上成績【註（B）】，其中一科為數學，或具同
等學歷；

b. 符合語文能力要求，即在香港中學文憑考試或香港中學會考中國語文科和
英國語文科考獲第 2 級【註（C）】或以上成績，或具同等學歷；以及

c. 中文文書處理速度達每分鐘 20 字及英文文書處理速度達每分鐘 30 字，並
具備一般商業電腦軟件的應用知識。

【註（A）】

政府在聘任公務員時，香港中學文憑考試應用學習科目（最多計算兩科）達
標成績，以及其他語言科目 E 級成績，會視為等同新高中科目第 2 級成績。

【註（B）】

有關科目可包括中國語文科及英國語文科。

【註（C）】

政府在聘任公務員時，2007 年前的香港中學會考中國語文科和英國語文科
（課程乙）E 級成績，在行政上會分別被視為等同 2007 年或之後香港中學會
考中國語文科和英國語文科第 3 級和第 2 級成績。

＊註（2）

如果符合訂明入職條件的應徵者人數眾多，一般職系處可以訂立篩選準則，
甄選條件較佳的應徵者，以便進一步處理。在此情況下，只有獲篩選的應徵
者會獲邀參加技能測驗。

符合資格參加 ACO 職位技能測驗的申請人，如已按刊登的招聘廣告申請 CA 職位，則毋須參加 CA 職位的技能測驗。

ACO 職位技能測驗的成績會同時用作評核申請人是否符合資格參加 CA 的遴選面試。

申請人如獲邀參加技能測驗，通常會接獲通知，否則可視作已經落選。

＊註（3）
申請人如獲邀參加遴選面試及《基本法》知識測試，通常會於參加技能測驗後 10 個星期內接獲電郵通知，否則可視作已經落選。

＊註（4）
通過所有招聘程序後，獲取錄的申請人通常會接獲通知。

＊註（5）
有關招聘時間表及遴選形式的資料只供參考。

文書助理公開招聘計劃時間表

文書及秘書職系的編制		
階段	程序	時間
1	文書助理職位申請日期	*註（1）留意政府於政府職位空缺查詢系統及公務員事務局網頁的公布
2	技能測驗（中、英文文書處理速度測驗，以及一般商業電腦軟件應用知識測驗，包括 Microsoft Office Word 2007 及 Excel 2007）	*註（2）公布招聘詳情後約 1 至 5 個月內 *註（5）
3	遴選面試及《基本法》知識測試	*註（3）階段 2 之後約 1 至 7 個月內 *註（5）
4	發出第一批聘書	*註（4）階段 3 之後約 1 至 2 個月內 *註（5）
5	發出遴選面試之最後結果	階段 4 之後約 5 至 6 個月 *註（5）

＊註（1）：

申請人必須已：

a. 完成中四學業，其中修讀科目應包括數學，或具備同等學歷；

b. 具相當於中四程度的中英文語文能力；以及

c. 中文文書處理速度達每分鐘 20 字、英文文書處理速度達每分鐘 30 字和具備一般商業電腦軟件的應用知識。

＊註（2）：

如果符合訂明入職條件的應徵者人數眾多，一般職系處可以訂立篩選準則，甄選條件較佳的應徵者，以便進一步處理。在此情況下，只有獲篩選的應徵者會獲邀參加技能測驗。

如申請人亦已按刊登的招聘廣告申請 ACO 職位，只須就申請的兩個職位（即助理文書主任及文書助理）參加一次技能測驗。有關測驗成績將用作評核申請人是否符合資格參加個別職位的遴選面試。

申請人如獲邀參加技能測驗，通常會接獲通知，否則可視作已經落選。

＊註（3）：

只有通過技能測驗的申請人才會獲邀參加遴選面試。申請人如獲邀參加遴選面試，通常會在技能測驗後約 10 星期內接獲電郵通知，否則可視作已經落選。

＊註（4）：

通過所有招聘程序後，獲錄取的申請人通常會接獲通知。

＊註（5）：

有關招聘時間表及遴選形式的資料只供參考。

提提你
申請職位途徑

— 申請表格［通用表格第 340 號］可向民政事務總署各區民政事務處諮詢服務中心或勞工處就業科各就業中心索取，亦可在公務員事務局網站（http://www.csb.gov.hk）下載。

— 申請人須在截止申請日期或之前，把填妥的申請表格送達查詢地址。

— 申請人也可透過公務員事務局網站（http://www.csb.gov.hk），在網上遞交申請。

— 申請書如資料不全、逾期、或以傳真或電郵方式遞交，一概不受理。

接獲「技能測驗」通知書樣本

政府總部
一般職系處
香港添馬添美道 2 號
政府總部西翼 7 樓

GENERAL GRADES OFFICE
GOVERNMENT SECRETARIAT
7th Floor, West Wing
Central Government Offices
2 Tim Mei Avenue
Tamar, Hong Kong

本處檔號 Our Ref. :　GG/12/345 Pt.16
來函檔號 Your Ref. :

電話號碼 Tel. No. : xxxx xxxx
傳真號碼 Fax No. : xxxx xxxx
01 October 2012

CHAN TAI MAN
FL 11XX, TAI YIU HSE, TAI TAI EST,
HONG KONG
C-123456

Dear Sir/ Madam,

2012 Open Recruitment of Assistant Clerical Officer

    I refer to your application for the post of Assistant Clerical Officer and am pleased to invite you to attend a word processing speed test and a common business software application test ("Skill Test"), details are as follows –

Date	: 12 October 2012
Time	: 2:15 PM
Venue	: General Grades Office Skills Test Centre G/F, Middle Road Multi-storey Carpark Building, 15 Middle Road, Tsim Sha Tsui, Kowloon. (a location map is shown overleaf)
Subject	: (i) Chinese Word Processing Speed Test (ii) English Word Processing Speed Test (iii) Common Business Software Application Test (a) Microsoft Office Word (version 2007) (b) Microsoft Office Excel (version 2007)

    A copy of the "Guidance Notes for Candidates" (Chinese version only) is attached for your reference. You are strongly advised to read the guidance notes before coming to the Skills Test.

    Please report your arrival to the reception at least **15 minutes before the scheduled time and bring with you this letter and your Hong Kong Identity Card for verification.** If you do not turn you for the Skills Test, we will assume that you have withdrawn your application.

Please note that the invitation to the Skills Test does **not** imply that your stated qualifications have met the entry requirements for the post of Assistant Clerical Officer as it takes time to process all the applications.

If you are subsequently invited to attend the selection interview, you will normally receive an invitation within ten weeks from the date of the Skills Test. Otherwise, you may assume that your application is unsuccessful.

If you have also applied for the post of Clerical Assistant in response to the job advertisement published on 31 August 2012 and are qualified for the Skills Test for the post, you are not required to attend another Skills Test. The results of your Skills Test for the Assistant Clerical Officer post will also be used to assess whether you have met the requirement for attending the selection interview for the Clerical Assistant post.

If you have any enquiries, or if you are a disabled candidate and need assistance in the test arrangements, please contact Ms. XXXX of this Office at 3456 XXXX.

Yours Faithfully,

(Mr XXXX)
For Director of General Grades

****

Location Map

(MTR Station: East Tsim Sha Tsui Station Exit L1 or Exit K)

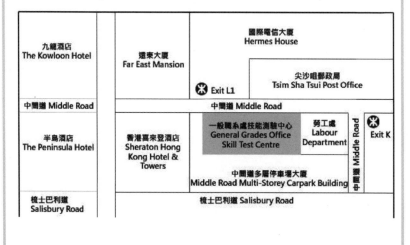

接獲「遴選面試」通知書樣本

政府總部
一 般 職 系 處
香 港 添 馬 添 美 道 二 號
政 府 總 部 西 翼 七 樓

本函檔號 Our Ref.: L/M (XX) to FF/XX/XXX (2012)
傳真號碼 Fax No:: XXXX XXXX

XX November 2012

(Candidate No. : X-XXXXXXX)

Dear Sir/ Madam,

2012 Clerical Assistant Open Recruitment
Invitation to Selection Interview

I refer to your application for the post of Clerical Assistant and would like to invite you to attend a selection interview as follows –

Date : XX February 2013
Time : 3:00 PM
Venue : General Grades Office, Civil Service Bureau, 9/F, Rumsey Street Multi-storey Carpark Building, 2 Rumsey Street, Sheung Wan, Hong Kong.

(Please visit the link below for the location map -
http://www.map.gov.hk/gih3/view/mapshare.jsp ?
quickshareid=b210ce9b251d701dbcbb48701c516161e255&lang=tc&lite=true*)*

2.   Please arrive **the venue at least 15 minutes before the scheduled time**. You are requested to **bring with you the following documents for registration** -

(a)   this email;

(b)   a recent passport size photo;

(c)   your Hong Kong Identity Card;

(d)   the original <u>and</u> a copy of each of the certificates of your academic qualifications, *including school reports showing you have completed Secondary 4 education with subjects studied including Mathematics, or equivalent; and attained a level of language proficiency in Chinese and English Languages equivalent to Secondary 4 standard.* If you are holding qualifications obtained from academic institutions <u>outside Hong Kong</u>, please also bring along the original <u>and</u> a copy of each of the transcripts of studies and official documents issued by the relevant academic institutions stating the mode of delivery (e.g. full time/part time, on campus/distance learning, etc.) of the study programmes; and

(e)   the original <u>and</u> a copy of the supporting documents for the working + experience stated in your application.

3.   You are required to submit **ALL** the above documents when attending the interview. Your application may not be processed further if you fail to submit such documents.

4.   If you are unable to attend the interview as scheduled, please notify this office and provide justifications in writing at least one week in advance. If you are not going to attend the interview, please complete and return the Reply Slip at the **Annex** to us by email or fax. We will take it as a withdrawal of application and your application will not be processed any further.

5.   If Typhoon Signal No. 8 or above, or Black Rainstorm Warning is hoisted at 7:00 a.m. on the day of interview, the morning interview schedule for the day will be cancelled. If such signal or warning is still hoisted at 11:30 a.m. on that day, the afternoon interview schedule will also be cancelled. The interview will have to be re-scheduled and all affected candidates will be notified of the details of arrangements separately.

6.   Please note that this invitation to interview does not imply that your stated qualifications are accepted as having met the entry requirements of the Clerical Assistant post as it takes time to assess/verify the qualifications of individual candidates.

7.   If you have any enquiries, or if you are a disabled candidate and need assistance in the interview arrangements, please contact Ms.XXXX at 3104 XXXX or email us at <u>cocaore@csb.gov.hk</u>.

Yours faithfully,
(Ms XXXXX XXXXX)
for Director of General Grades

Reply Slip

Notification of Non-attendance

To : **General Grades Office**

Civil Service Bureau

Email : cocaore@csb.gov.hk

Fax : **3105 XXXX**

2012 Clerical Assistant Open Recruitment
Invitation to Selection Interview

I refer to your invitation to the selection interview to be held on _____

(date) at _____ a.m. / p.m. and would like to confirm that I will **not** attend the

interview. I understand that my application would be considered as withdrawn and will not

be processed any further.

Signature : _____

Name : _____

Application No. : _____

HKID No. (first 4-digit): _____

Daytime Tel. No. : _____

Date : _____

錄取考生的電郵內文

Dear Mr XXXXXX

Thank you for your acceptance of the offer of appointment as Clerical Assistant. Please be informed that your appointment will take effect on XX JUN 2013 and you will be posted to the Home Affairs Bureau (XXXXX). The scanned copy of the appointment letter is attached and the original copy is being sent to you by post. For enquiry, please contact me or Miss XXXX XXXX at 2345 XXXX.

Regards,
XXXX
for Director of General Grades

解構技能測驗

　　在政府公開招聘 ACO 及 CA 時作出的技能測驗，值得有志投身人士參考：

一般指引

1. 技能測驗需時大約 90 分鐘。考生須於指定測驗時間 15 分鐘前到達測驗中心報到。當技能測驗正式開始後，遲到的考生不可進入考試室應考。測驗時間完結前，考生一律不得離開考試室。

2. 考生不得在試卷上作任何書寫，亦不得拿走／複製試卷或答題卷，否則會被取消測驗資格。

3. 用作測驗的電腦的中央處理器屬 Intel Core 2 Duo 1.86GHz 或以上型號，操作平台為 Microsoft Windows XP 中文版。

4. 若在測驗當天早上七時黑色暴雨警告／八號或以上颱風信號仍然生效，上午的測驗將會取消。本處會為受影響的考生另定測驗日期及以書面通知。

測驗程序

1. 技能測驗正式開始前，考生有 5 分鐘時間熟習獲編配的電腦。考生須在監考人員發出有關指示後，方可開始操作電腦。

   在熟習電腦時段開始後才進入考試室的考生，將不會獲補回熟習電腦的時間。熟習電腦時段完結後，考生須按監考人員的指示，開啟預先存放在電腦桌面上的答題卷檔案，並在指定位置輸入考生編號及座位編號。

2. 監考人員隨後會分發試卷。考生須在監考人員發出有關指示後，方可翻閱試卷及開始作答。

3. 考生如在測驗進行期間作出不誠實的行為或作弊，會被取消測驗資格。

4. 當監考人員宣佈測驗完畢時，考生必須立即停止作答，雙手離開鍵盤及滑鼠，否則會被取消測驗資格。

5. 每科測驗完畢業後，監考人員會逐一收回試卷及將考生的答題卷列印，考生必須在答題卷上簽名確認。待收齊同一個科目的試卷及答題卷後，才會開考下一個科目。

文書處理速度測驗

1. 文書處理速度測驗的目的，是測試考生的打字速度及輸入文字的準確程度。ACO 在文書處理方面的入職要求為中文文書處理速度達每分鐘 20 字及英文文書處理速度達每分鐘 30 字。

2. 每科測驗需時 5 分鐘。考生須等待監考人員發出有關指示後，方可開始輸入文字。在測驗時間尚餘 1 分鐘時，監考人員會作出提示。

3. 考生不可更改答題卷內已設定的文件格式、字體和字型大小。完成後的答題卷如與原文格式、字體或字型大小不同，會被逐項扣分。

4. 考生必須依照試題逐字輸入。每段開始時，考生必須先按一下 Tab。答題卷的行距和頁寬已預先設定，當文字輸入至行尾時便會自動轉行，因此考生不須按 Enter 轉行，只須在完成一整段後才按一下 Enter。每行及每段之間不用隔行。
   考生請注意，按 Ctrl 加其他標點符號時，切勿觸碰附近的按鍵，例如 Shift、M 等，否則會造成格式錯誤。

5. 試題內如有相同的文字或詞語，考生不可以使用電腦的「複

製」及「貼上」功能，否則會被扣分。

6. 試題上的數字指標用以表示打字至該處時平均每分鐘的打字速度。評核考生輸入文字速度和處理格式的準確程度，會先以測驗及格字數指標（即每分鐘中文 20 字，英文 30 字）內的文字為準，因此建議考生如在指定時間內已完成及格所需的字數，應先核對已完成部分的內容及更正錯漏，在時間許可下才繼續輸入其餘部分。

（i）中文文書處理速度測驗

1. 考生可選用力衡廣東話拼音輸入法、力衡漢語拼音輸入法，以及附設於微軟視窗 Microsoft Windows XP 的輸入法，包括倉頡、新倉頡、速成、新速成、大易、行列、注音、新注音、香港粵語、單一碼（Unicode）和大五碼（Big 5）。

2. 測驗期間，考生可參考考試室內提供的輸入法及標點符號提示。

3. 考生不可啟動相關字詞功能，亦不可參考字典、使用鍵盤或在螢幕小鍵盤取碼，否則會被逐項扣分。

4. 標點符號與中文字之間不可留空位，否則會被扣分。

（ii）英文文書處理速度測驗

1. 考生不可啟動自動拼字檢查或自動校正功能，否則會被逐項扣分。

2. 標點符號與隨後的英文字母之間要留空位「。」、「.」、「、」、「？」及「！」後要留兩個空位，其他標點符號後要留一個空位，否則會被扣分。

一般商業電腦軟件應用知識測驗

1. 一般商業電腦軟件應用知識測驗包括文書處理軟件應用知識測驗和試算表軟件應用知識測驗兩個科目，測驗需時共 30 分鐘，所採用的軟件為 Microsoft Office Word 2007 中文版及 Microsoft Office Excel 2007 中文版。監考人員會同時派發兩個科目的試卷各一份，考生可自行決定作答的先後次序，但必須回答兩個科目的試題。

2. 考生不得使用計算機或開啟小算盤，否則會被取消測驗資格。

3. 測驗開始前，考生有 4 分鐘時間閱讀兩份試卷的試題。考生須在監考人員發出有關指示後，方可開始作答。

4. 測驗開始後 15 分鐘，監考人員會作出提示。在測驗時間尚餘 5 分鐘時，監考人員會再作出提示。

5. 除非試題內有特別的指示，考生請勿更改檔案內文件的格式，例如字型大小、列高或欄寬等，否則可能會影響答題卷上的答案及測驗成績。

（i）Microsoft Office Word 文書處理軟件應用知識測驗

此測驗是為了測試考生是否具備一般商業文書處理軟件應用技能，測驗內容包括（但不限於）下列範圍：

－ 文字處理技巧：輸入或插入文字、日期及時間、符號、圖文框及註腳。

－ 文字及段落格式：字型、字體，對齊、縮排、行距及分欄。

－ 文件格式：項目符號、頁首及頁尾。

－ 表格使用：建立表格、更改表格內容及格式。

－ 版面配置及列印設定：頁面邊界設定及列印選項圖片／文字製作及設定：文字藝術師、插入圖片、物件及美工圖案。

（ⅱ）Microsoft Office Excel 試算表軟件應用知識測驗

此測驗是為了測試考生是否具備一般商業試算表軟件應用技能，測驗內容包括（但不限於）下列範圍：

— 試算表的基本編輯技巧：輸入、修改、搬移、複製數值及文字資料。

— 文字格式：字型、字體及對齊方式。

— 工作表的格式：欄列設定，儲存格數字格式、對齊方式、框線及圖樣。

— 公式及函數運用：輸入公式及函數、複製公式及參照地址。

— 版面及列印設定：頁首、頁尾、邊界設定及列印選項。

— 圖表製作及設定：圖表類型、資料來源、圖表選項、資料標籤及座標軸格式設定。

面試儀表及衣著宜忌

　　「禮儀」及「禮貌」是 ACO 及 CA 的遴選面試中一個非常重要的元素，透過禮儀及禮貌其實已經可以對投考者的涵養和質素一覽無遺，甚至是導致遴選面試的成敗得失。

　　因此，投考者絕對不應該忽視遴選面試時的言行舉止甚至禮儀及禮貌。以下是遴選面試過程中關於禮儀及禮貌的一些建議，如果你準備投身 ACO 或 CA，這些建議可能成為你遴選面試成功的踏腳石。

男考生儀表及衣著宜忌

宜	忌
穿著得體、成熟、穩重、專業，流露出老實的感覺	表現輕佻、浮躁、幼稚、入世未深、形象古怪
髮型整齊，宜短髮	染髮（尤其金色）
剃鬚	蓬頭垢面
剪指甲	留長手指甲
戴手錶	戴奇形怪狀手錶
穿深色西裝	忌穿T恤、牛仔褲、短褲
結深色領呔	結標奇立異且顏色古怪的領呔（例如：綠色、紅色）
傳統有鞋帶皮鞋	波鞋、拖鞋及涼鞋
黑色襪	白襪、波襪、船襪
公事包	太名貴名牌之物品（公事包）
大方得體為原則	切忌表露「宅男」神態

女考生儀表及衣著宜忌

宜	忌
端莊、成熟、穩重、專業，流露出老實的感覺	輕佻、浮躁、幼稚、入世未深、形象古怪
髮型整齊	染髮（尤其金色），或 highlight 頭髮
基本化妝（淡妝）	濃妝艷抹
塗清淡味道香水	塗過濃香水
乾淨整齊	花枝招展
指甲整齊	油指甲或整水晶甲
戴手錶	戴奇形的怪狀手錶
首飾以簡潔為主	佩戴帶過多首飾（如：耳環、戒指、頸鏈）
穿著深色及端莊得體之行政套裝	穿著太薄、緊身、性感、暴露、顏色鮮艷及誇張的衣服
穿「空姐鞋」	穿 3 吋高跟鞋或露趾鞋
拿公事包	帶太名貴的物品（如名牌手袋）
穿著以大方得體為原則	切忌表露「港女」，甚至「港孩」的神態

緊記：

遴選面試時，合適的儀表及衣著，會讓主考官感覺投考人士有專業精神的印象，男考生應該要顯得幹練大方，女考生應該要顯得端莊成熟。在進入面試室之前，必須先自我檢查一下儀表及衣著，否則的話可能會造成印象分數大打折扣。

建議一定要提前最少 30 分鐘到達遴選面試的地點，以表誠意，給予信任感，同時也可調整自己的心態，做一些簡單的儀表準備，避免手忙腳亂，臨急抱佛腳。

為了做到這一點，一定要緊記面試的日期、時間及地點。考生最好能夠預先去面試的地點一趟，以免因一時找不到地方或途中延誤而遲到。

如果遲到，肯定會給主考官留下不好的印象，甚至會喪失遴選面試的機會。無論如何，遲到就是面試的死罪。

面試基本禮貌：
應做／不應做

1. 應做：

— 輕敲面試室之門，然後得到主考官允許後，才輕力推開門，
　進入面試室，然後再慢慢輕力關上面試室之門。

— 主動與主考官講「早晨」又或者「午安」（Good Morning
　Sir/ Madam/ Good Afternoon Sir/Madam）。

— 在主考官邀請你坐下時才好坐低，切忌未曾應邀，已急於坐
　下。

— 在主考官請你坐下之時，應該講「Yes Sir/ Madam, Thank
　You Sir/ Madam」。

— 坐姿要筆直端正，雙手放在膝蓋上。

— 大部分的時間，考生視線均望著提問的主考官，偶爾亦需要
　望向副主考官。

— 在主考官講話之時，用心聆聽，並且將自己當作聆聽，聆聽
　時需要略帶微笑。

- 在遇到不清楚／不明白的問題時,最理想的辦法是向主考官澄清問題,這樣既可以贏得少許的考慮時間,同時亦可以表現出自己的認真。
- 在回答問題時,説語速度不要太快,期間可以一邊講一邊想,令主考官有一種穩重可靠的感覺。
- 在回答問題時,將答案詳細解釋。
- 在面試結束之時,不急不緩地起立,然後微笑、起立、道謝、告別、鞠躬後離開面試堂。

2. 不應做:

- 蹺腿而坐
- 不應東張西望、顯得漫不經心
- 目不轉睛地望著主考官或副主考官
- 聲音過大會令主考官厭煩,聲音過細則難以聽得清楚。
- 回答問題時,只答「是」或「不是」/「係」或「唔係」。
- 假裝懂得,胡亂作答。
- 用口頭禪、俗語和術語。
- 在主考官提出一些無理的問題,試探你的應變能力時亂了分寸。

— 與主考官爭拗某個問題，是不明智的舉動，冷靜地保持不卑
　 不亢的風度才是正確。

— 無意識地用手摸頭髮、耳朵、抓恤衫領等，多餘的動作。

— 毋須主動伸手握別

面試的態度

1. 放鬆心情、保持笑容

在臉上掛點笑容。微笑最能拉近你和主考官的距離，也容易建立互信和友誼。愁眉苦臉或肌肉僵硬，都會使你的表現大打折扣。

2. 集中精神、細心聆聽

面試的時候，腦筋不要開小差，要細心聆聽問題，並作出恰當的反應，而且一直要跟主考官有眼神接觸，這樣才會使人覺得你尊重他和懂得應對。

3. 保持坐姿、避免亂動

不要坐得太隨便，腰板要挺直，身子微微前傾，這會給人一種穩重和尊敬對方的感覺。也不要在椅子上頻頻挪動身子，否則會使人覺得你如坐針氈，毫無大將之風。

4. 勇於承擔、凸顯熱誠

要顯得你有誠意投入投考的職位，以及有志向和有承擔。切勿立場恍惚，無可無不可。

5. 避免多言、掌握時機

回答要具體、扼要。切忌拖拖拉拉，給人一種不成熟和缺乏組織能力的感覺。

提提你
關於申請公務員職位事宜

申請人可透過以下網址／系統遞交 G.F. 340 網上申請書：
http://www.csb.gov.hk/tc_chi/recruit/application/330.html，
而申請人可以登入申請系統網址查詢、更改申請資料或遞交補充
資料的。

另外，申請人常見問題如下：

問（1）：如同一時間申請一份以上的職位，該申請人是否需要
遞交多次網上申請書？

答（1）：申請人只要填寫一份網上申請書就可以了。

問（2）：申請人可否儲存已填寫的申請資料，以便日後使用？

答（2）：若然未能在 2 小時內完成整份網上申請書，可按系統內的存儲資料鍵，存檔已填寫部分，日後只要輸入香港身分證或護照號碼及個人身分識別碼登入系統，上載有關資料，或將來申請另一職位時，上載有關檔案使用。

問（3）：申請人怎樣確定申請程序已完成？

答（3）：當完成申請程序後，會獲發網上申請編號。在遞交整份申請書後兩小時內會接獲確認申請通知。

PART 4 直擊考試實錄

【PART A】
助理文書主任

2016 年的助理文書主任（ACO）招聘工作會於 2017 年中完成招聘。由 2016 年 8 月公開招聘申請到發出遴選面試最後結果，歷時接近 1 年。要擊敗眾多申請人的話，可以參考取自 2013 年一個成功脫穎而出的個案。

成功例子

本人現職 ACO，於 2013 年 4 月任職，以下為我整個遴選的過程以及所見和感受：

時間	項目
2012 年 8 月	網上申請
2012 年 11 月	首輪面試，即打字及 Word/ Excel 軟件測試
2013 年 1 月	正式面試
2013 年 3 月	接獲通知取錄
2014 年 3 月	接受為期 3 天的訓練

1. 2012 年 11 月

　　所謂的「首輪面試」，其實只是對所有的面試者進行初步的篩選。當日分別要測試：英文打字每分鐘 30 字；中文打字每分鐘 20 字；Word/Excel 應用、基本法測驗。

　　中英文打字——要達到要求的絕不困難，考試時會給考生一篇文章，並有指示打到哪個字會達標，考生只要打到標示的位置就可以。

＊注意：打速成輸入法時是沒有「候選字」給你選擇，標點是要自己打，可在測試前調教全形來打「，」、「。」；然後用剩餘的時間去覆查有否錯別字；不要打得比標示更多的字，因為不會加分的。

　　Word/Excel 應用：説難不難，説容易也不太容易，因為基本上很多的 function 會用上，Word 的字距行距，版面的設定也會考上；而 Excel 的 formula、印刷 report 也會考上。由於是用 Word 07 的關係，介面相對也是較 user friendly，如不太記得某些 function，測試前練習一下也不太難達標。

＊注意：沒人知道達標是多少分，盡做就好了。

基本法測驗：因為之前已經考過，所以這次我不用考。簡單來說就是有 15 條多項選擇題，全對就 100 分，每錯一條就扣 100/15（6.7 分），之前考試我錯了 4 題，所以只有 73 分。

＊注意：不要少看這基本法測驗，很多時候這就決定考生是取錄，waiting list 又或是連 waiting list 沒有。因為這是佔考生的分數 1/8！

在錄取成為 ACO 後——我曾經申請有關考試的分數，得知評分準則如下：（評分準則如下，80 分滿分，每項最高 10 分）

評分項目	分數
1 manner and disposition	10
2 communication skills 　- Chinese 　- English	10 10
3 knowledge of clerical job	10
4 social awareness	10
5 intelligence	10
6 motivation and capacity for development	10
7 knowledge of basic law	10
Total	80

我曾經在討論區看到某些考生的總分是 62 分，但只有 waiting list，而我的分數是 66 分，但卻可以被取錄，所以雖然只是相差 4 分，但就經已有天壤之別，所以各位考生千萬不要少看這基本法測驗！

2. 2013 年 1 月及 3 月

當日下午到達中環政府總部西翼，首先有些文職的職員會核對考生所有的文件，注意必須帶齊所有文件的正本，尤其是大學畢業證書，以免需要補交而影響考試心情。

當日各考生都穿得很正常，有的是西裝套裝，有的只是穿普通西褲或很斯文的造型，但我還是建議穿著全套西裝是最好的，因為第一印象是很決定性的。

當進入面試的房間後，有三位主考官。首先，其中一位考官叫我用中文進行自我介紹，大概一分鐘多就打斷了我的話，然後一邊看著我的 CV 一邊問：「你是否清楚 ACO 的職責？」

回答這個問題一定要預備好答案，招聘的細則以至政府網頁上亦有相關答案，但無論你的答案如何，考官亦會不斷地進行追問，直至你答不上。（建議：懂就說懂，不懂就說不懂，不要「吹水」。）

然後，主考官問我情境問題及時事問題：「如果你任職的部門正在禮堂舉行活動，但突然之間停電，整個禮堂黑到伸手不見五指，你會怎辦？」

　　「有關施政報告中環保的事項，你有什麼意見？」時事問題當然是沒有「model answer」，只可以靠「執生」，但考生其實也可以先預備多點當期的時事新聞的材料，除了知識層面要多之外，回答時事問題也要有一定的深度，要不然很容易就會被追問到口啞啞，因而導致表現未夠全面。

　　另外，這次我答問題時，把答案連帶到自己以前負責的環保工作上，從而令考官更清楚自己以往的工作職責，當然我以往的工作也是與 ACO 類近的。

　　最後，就叫我即時讀出一篇約幾百字的英文文章，隨後即時問兩條相關的問題。

　　而兩條問題的答案都能夠在文章裡找到，不是太難，只要慢慢的去找，然後照讀即可。切記不用太急趕去回答有關問題，聽不清楚就要問多一次。

　　約兩個月後（2013 年 3 月），我就收到取錄信。

3. 總結

　　這次面試我覺得，面試的表現是重要的，但以往的相關工作經驗的表述也是相當重要。（建議：考生在填寫 G.F. 340 時，可將以往的工作經驗寫得較 ACO 的職責類近，而在自我介紹或回答相關問題時多加表述以往的工作／義工經驗，除了加強說服力及使到答案較為全面之外，更重要是能夠增加考官對自己的瞭解。）

註：

G.F. 340 即是香港特別行政區政府職位申請書（Application Form for Employment with the Government of the Hong Kong Special Administrative Region）

投考心得

正所謂「機會只給有準備的人」，ACO 職位的試前準備功夫亦十分講究。

如申請人獲邀請參加技能測驗，一般情況會在測驗日期前大約一個月內收到邀請信。收到通知參加技能測驗可算是踏出成功的第一步，因你在芸芸的申請人當中獲得邀請。

以下是本人的一些投考心得，與各位讀者分享。

1. 接獲通知信 詳閱考生須知

申請人接獲邀請信後，建議申請人必須先詳閱考生須知。考生須知會連同邀請信一同郵寄給申請人。

考生須知會清楚列明技能測驗的一般指引、測驗程序等等。

不少申請人因忽略了某一些指引而影響臨場表現，甚至會被取消資格。

2. 備戰練習 使用計時器

申請人在預備文書處理速度測驗的時候，建議在練習時使用計時器模擬測驗時的情況，並可選擇不同類型的文章作練習打字的用途。

3. 逐字輸入 忌用「複製」及「貼上」

緊記在練習時，也必須練習逐字輸入。在此建議各位在練習時可暫時關閉電腦軟件文字輸入的拼字、檢查及自動校正的功能，以便大家習慣及適應技能測驗的真實情況。

另外，試題內如有相同的文字或詞語，也不可使用「複製」及「貼上」的功能。

大家在平日練習時也必須緊記及遵守測驗的守則。

4. 熟習應用軟件特性

在預備商業電腦軟件應用知識測驗的時候，各位也須留意考生須知的指引。

考生須知會指明技能測驗時使用的軟件版本，申請人必須熟習運用該軟件版本。

不少申請人往往未能完整地做妥一些看似簡單的軟件應用知識技巧，忽略或沒有依照試題的要求而被扣分。

有鑑於此，建議各位可依照指引上的測驗技能範圍作出針對性的預備，一些應用技能如公式及函數運用、圖表製作、版面文字格式設定等技能必須在平日加以熟習及操練，以便在技能測驗當天能夠有最佳的發揮及表現。

如有需要，建議大家可參閱技能測驗時使用軟件版本的書籍，有關的參考書可在公共圖書館借閱。

5. 預備面試的技巧

如申請人成功通過技能測驗，會在其後收到通知參加最後遴選面試。預備面試的技巧不可缺少，如同預備面試其他職位一樣，一些基本的問題可作事前預備，如自我介紹、申請該職位的原因，以往之工作、專長等。

申請人可於面試前預備中、英文版本的回答樣本，並加以反覆練習。

6. 先了解申請職位職責

面試官通常會測試申請人對申請職位的了解情況，各位必須在面試前作出充足的預備。

有關 ACO 的工作職責，可參考招聘廣告上的描述並在面試時加以解釋，在此建議各位申請人保留一份招聘廣告以便在預備面試時能夠參閱。

除此之外，有關 ACO 的薪酬待遇、政府的文職架構、政府各部門的基本功能以及一般職系處的日常運作等等知識，申請人也必須充分了解以及掌握有關資料，而這些資訊也可在政府各部門的網頁中搜索獲取。

7. 留意時事 參關政府網頁

另外，申請人必須對時事有所認知，特別是有關政府運作及影 大眾民生的熱門時事題材，如延遲公務員退休年齡、房屋分配政策等等的議題。

面試官往往會向申請人提問近期的時事，並要求申請人加以評論，從而考核申請人批判思考的能力。

在此建議申請人必須閱讀每日報章的時事評論，並加以溫故知新。另外，申請人也可參閱政府官方新聞網頁（www.news.gov.hk）以更深入了解政府新聞資訊。

無論各位投考成功與否， 是一次寶貴的面試經驗，在此祝各位讀者順利過關，投考成功！

熱門面試題目

1. 自我介紹及自身問題

— 請用 2 分鐘時間去介紹自己。

— 你為什麼會申請投考 ACO（或 CA）？

— 你認為自己有什麼條件 / 特質，可以成為一位稱職的 ACO（或 CA）？

— 你過去及現在的工作經驗，有哪些可以應用於 ACO（或 CA）的工作上？

— 你有什麼專長或 技能，並且能夠發揮於 ACO（或 CA）的工作上？

— 你是應屆畢業生，缺乏人生經驗，如何能勝任 ACO（或 CA）這項工作？

— 為什麼要在眾多申請人之中，聘請你為 ACO（或 CA）？

— 你有什麼優點和缺點？

— 你有否信心能夠承受這份工作所帶來的壓力？

— 你在過去的工作裡，會如何處理及面對壓力？

— 上一次投考失敗之原因？其後如何作出改進？

— 如果今次未能獲得取錄，你會怎樣？是否會考慮加入其他的政府部門？

— 你有甚麼事業目標又人生目標？你如何實現？

— 你覺得自己有哪些事件是最成功又或者是最自豪？為什麼？

— 你在過去的工作之中，是否曾經遇上蠻不講理的顧客，你會如何處理？

— 你可否介紹過去及現在的工作？

— 你為何會經常轉換工作？

— 你在前公司的離職原因是什麼？

— 你與之前同事的相處，有碰過什麼問題？

— 你有沒有朋友是公務員？如果有，你的朋友是否有講述關於在政府部門工作的情況給你知呢？

— 你有否曾經參與任何的義工服務？

— 你曾經參與多少次義工服務？

— 你參與義工服務的對象是哪些類型？

— 你在參與義工服務的過程中，有什麼得著？

— 你會如何善用空餘時間？

- 你有什麼興趣？

- 你未來是否會再繼續進修？

- 你表示正在晚上修讀碩士課程，那麼你希望在政府部門內，
  晉升至哪個職級？

- 你是如何準備今次的遴選面試？

- 你覺得你今次面試的表現如何？

2. 對工作的認識

政府規例是什麼？分哪幾份卷？

- 總務規例

- 公務員事務規例

- 財務及會計規例、常務會計指引

- 物料供應及採購規例

- 保安規例

- 政府產業管理及有關事務規例

- 海外服務規例

a. 總務規例的內容是什麼？

— 政府憲報 Government Gazette

— 儀典 Ceremonial

— 政府運輸 Transport

— 法律事宜 Legal Matters

— 部門關係和職責 Departmental Relations and Responsibilities

b. 公務員事務規例的內容是什麼？

— 委任 Appointments

— 終止服務 Termination of Service

— 行為與紀律 Conduct & Discipline

— 薪俸與津貼 Salaries & Allowances

— 醫療與牙科福利 Medical & Dental Facilities

— 訓練與發展 Training & Development

— 假期 Leave

c. 財務及會計規例的內容是什麼？

— 財務預算 The Estimates

— 支出管制 Expenditure Control

— 收入管制 Revenue Collection

— 現金保管 Safe Custody of Cash

d. 物料供應及採購規例的內容是什麼？

— 物料供應管制 Control and Supervision over Stores

— 非耗用物品的記帳 Inventories

— 物料採購 Procurement of Stores

— 投標程序 Tender Procedure

— 物流報廢 Condemnation of Stores

— 剩餘物品處理 Disposal of Surplus Store

e. 保安規例的內容是什麼？

— 部門保安 Department security

— 文件等級 Classification of Documents

— 樓宇保安 Building Security

— 訊息交流 Communications

— 官方保密法 The Official Secrets Acts

f. 政府產業管理及有關事務規例的內容是什麼？

— 辦公室面積標準 Standards for Office Accommodation

— 辦公室管理與保養 Management and Maintenance of Office Accommodation

— 宿舍 Quarters

— 政府物業商營化 Commercialization of Government Property

g. 港外服務規例的內容是什麼？

— 適用於派駐香港以外地方的人員的特別條款及條件

— 外調滋擾補助金、薪酬、預支款項與外調津貼

— 行李津貼及個人財物的運送與貯存、居住、假期、旅費

— 醫療與牙科福利、語言訓練與子女教育津貼等

h. 其他

— 公務員事務局的理想、使命及信念是什麼？

— 公務員事務局的服務承諾是什麼？

— 公務員事務局的施政綱領是什麼？

— 公務員優質服務獎勵計劃是什麼？

— 公務員誠信管理是什麼？

— 公務員可以享有那些福利？

— 公務員每天均需要面對不同的挑戰，你是否能夠應付？

— 你認為現今公務員的工作，最困難之處是什麼？

— 你認為現今公務員如何提供更加優質的服務予市民大眾？

— 公務員需要有使命感，何謂使命感？

— 如何改善市民對公務員的形象？

— 行政會議由多少位主要官員及非官守成員組成？

— 政府現在有多少個文書及秘書職系？

— 文書及秘書職系分為多少個職級？

— 「三司十三局」的司長和局長名稱？

— 公務員事務局局長是誰？

—公務員事務局常任秘書長是誰？

- ACO 的職責是什麼？
- ACO 會可能需要不定時或輪班工作，以及在工作時穿著制服，有什麼意見？
- CA 的職責是什麼？
- 擔任 CA 會可能需要不定時或輪班工作，以及在工作時穿著制服，有什麼意見？
- 你覺得如何優化 ACO（或 CA）的招募流程？
- 政府由多少個決策局和部門所組成？
- 立法會主席是誰？
- 立法會有幾多名議員？
- 立法會有多少位議員是透過分區直選產生？
- 立法會有多少位議員是透過功能界別選舉產生？
- 立法會有哪些職權？
- 行政會議召集人是誰？
- 行政會議的職能是什麼？
- 行政會議有哪些成員？
- 香港有多少個區議會？
- 區議員的任期為多少年？

‒ 區議會的職能是什麼？

‒ 扶貧委員會是什麼？扶貧委員會主席是誰？

‒ 長遠房屋策略督導委員會是什麼？

‒ 標準工時委員會是什麼？

‒ 關愛基金是什麼？關愛基金有哪些援助項目？

‒ 「惜食香港」運動是什麼？

‒ 負責公務員隊伍整體管理和發展之其中三份重要文件是什麼？

‒ 《公務人員（管理）命令》是什麼？

‒ 《公務人員（紀律）規例》是什麼？

‒ 《公務員事務規例》是什麼？

‒ 政府部門有什麼是常用的公文種類？

‒ 「便箋」是什麼？

‒ 「公函」是什麼？

‒ 「錄事」是什麼？

‒ 「通告」是什麼？

‒ 「告示」是什麼？

‒ 「會議記錄」是什麼？

- 文訊是什麼？有否看過文訊？

- 你對於「1823」有什麼認識？而 1823 又有什麼需要改善？

- 你對於「香港政府一站通」有什麼認識？它又有什麼需要改善？

- 你對於政府部門所實施的職安健有什麼認識或意見？

- 市民可以有什麼途徑投訴政府部門？

- 政府部門如果接獲市民的投訴時，會怎樣處理？

- 你對團隊精神有什麼認識／意見？

- 你會怎樣處理員工的投訴？

- 你會如何監管員工的表現？

- 公務員事務局對（公務員以公職身分獲得的利益／款待）有什麼指引？

- 對於部門獲贈惠及員工的禮物和捐贈時，政府有什麼指引？

- 你對於辦公室環保有什麼認識？

- 你對節省用紙有什麼意見？

- 個人資料（私隱）條例是什麼？

- 「個人資料」是哪些資料？

- 在日常工作裡，應該如何保障個人資料（私隱）的資料？

— 你有沒有改善部門／單位效率的建議？

— 你對於政府於熱帶氣旋及暴雨襲港期間的工作安排有什麼認識／意見？

3. 時事問題

— 你對於公務員加薪幅度有什麼意見？

— 你對於施政報告有什麼意見？

— 你對於財政預算案有什麼意見？

— 你對於房屋政策有什麼意見？

— 你對於劏房問題有什麼意見？

— 你對於發展新界東北有什麼意見？

— 你對於最低工資加至 30 元有什麼意見？

— 你對於標準工時有什麼意見？

— 你覺得人口老化會帶給政府哪些問題？

— 你覺得政府應該如何改善人口老化的問題？

— 你覺得政府應該如何改善中港矛盾的問題？

— 你覺得政府應該如何提高市民的環保意識？

— 你覺得政府應該如何加強推動香港旅遊業？

- 你覺得政府應該如何幫助本港旅遊業發展？

- 你覺得政府應該如何吸引外地旅客來消費？

- 你覺得政府應該如何改善香港交通擠塞的情況？

- 你覺得政府應該如何提高市民大眾對環保的意識？

- 你覺得政府應該如何解決樓市炒賣風氣的問題？

- 你覺得政府應該如何增加房屋土地的供應量？

- 你覺得政府是否應該打壓樓價？

- 你覺得雙非孕婦會對香港社會造成什麼問題？

- 你覺得政府在扶貧方面是否做得足夠？

- 你是否贊成全面推行男士侍產假？

- 你是否贊成擴建第三個堆填區？

- 你是否贊成香港興建賭場？

- 如何減低政府部門被市民投訴？

- 如何進一步提升公務員的形象？

- 如何培養學生的公民素養？

- 如何改善香港空氣污染？

- 你覺得政府現時首要處理的其中三項事情是什麼？

- 你覺得相比 2003 年「沙士」期間，香港人的防患意識有沒
  有下降？

— 你覺得「贏在起跑線」是否應該作為新一代香港父母育兒的金科玉律嗎？

— 你覺得政府是否應該延長公務員退休的年齡？而你又是否贊成延長公務員退休的年齡？

— 你覺得有哪些流行而顯著的趨勢，會對時下香港青少年構成挑戰和機遇？他們如何回應這些趨勢？

— 埃及在數年前發生的熱氣球慘劇，事件令人惋惜。你認為政府和旅遊業界應如何作出改善，以確保同類事件不會再次發生？

— 「最低工資」已經實行了一段時間，你認為可以有哪些意見，提供予最低工資委員會再作考慮？

— 有意見指出香港的競爭力不斷下滑，你對此有什麼看法？

— 什麼是「門常開」？

— 什麼是「外遊警示」？

— 啟德最新發展情況？

— 「職安健」是什麼？

— 你最近又或者今天，看過哪些時事新聞？

4. 情境應對

— 假如你成為 ACO（或 CA）後，你最想加入哪一個部門？原因為何？該部門有什麼工作？

— 假如你成為 ACO（或 CA）後，在工作上與上級意見不一致時，你會如何處理？

— 假如你成為 ACO（或 CA）後，在工作上有同事對你好不滿，甚至排斥你又或者時刻針對你，你會如何處理？

— 假如你成為 ACO（或 CA）後，在工作上如何能夠令到大家團結一致？

— 假如你成為 ACO 後，你有兩個下屬，而其中一個投訴你工作分配不均，你會如何處理？

— 假如你成為 ACO 後，你有兩位上司，假設他們同時要求你的下屬在一天之內完成所指派的工作，但是你的下屬其實清楚知悉這兩個任務非常繁複，並且絕對不可能於一日之內完成，雖然你希望同時能夠滿足此兩位上司的要求，但你的下屬是絕對沒有可能完成該任務，你會如何處理？

— 假如你成為 ACO 後，你有兩個下屬於同一時間告長假，為期七天，其中一個表示要去美國出席兒子的大學畢業典禮，而另一個則因為外傭告假，必需要回家照顧只有 6 個月大的嬰

兒。假設實際環境只能夠容許你批准其中一個告假，你會如何處理？

— 假如你成為 ACO 後，你的下屬經常告病假，有時更沒有醫生紙作為證明，你會如何處理？

— 當你面對市民大眾無理的要求時，你會如何處理？

— 如果市民大眾用粗口向你作出謾罵，你會如何處理？

— 假如你成為 ACO（或 CA）後，要調派你去沙頭角的政府部門上班，你會怎樣？

— 假如你成為 ACO（或 CA）後，工作要經常加班，你願不願意？

— 假如你成為 ACO 後，有下屬向你表示，覺得自己在工作上遇到好大壓力，你會如何處理？

— 假如有一個新同事，又或者 contract clerk 到你的工作單位上班，你會作出怎樣的訓示及安排？

— 假如你的工作崗位特別多工作做，每日都要 OT，因此影響你的家庭生活，你會怎樣處理？

— 假如你接到兩份「urgent by hand」的文件，一份要盡快送去新界區，而另一份則要送去九龍區，但你只得一個同事幫你，你會怎樣處理？

- 假如你的上司突然給你一個大 Project，上司表示十分緊急，必需要在一個星期內辦妥；但你屬下只有兩個 CA，其中一位正在放一個月病假，另一位 CA 則以家庭原因，表示不願意開 OT，你會怎樣處理？

- 假如你只有一位 CA 及一位同事作為下屬。某天，他們均先後致電回辦公室，表示有急事，需要即時放假，你會怎樣處理？

- 承上題，假設兩個人都放了假，但是下午突然有一份緊急公文需要送遞往新界北區，你會怎樣處理？

- 假如你成為 ACO 後，並且在其中一個政府部門上班，但當中有位 CA 認為他的工作經驗比你豐富，對於部門運作比你熟悉，故在工作上對你相當不合作，甚至抗拒，你可以有什麼辦法解決？

- 假如你部門的秘書要放兩個星期大假，你的上司叫你署任此秘書的職位，但因為某些原因，從而導致沒有任何的署任津貼。而秘書除了要幫上司聽電話之外，其實還要幫上司處理很多私人之事務，在此情況下，你會怎樣處理？

- 假如你的上司於 5 時交一份文件予你的 CA 做，但該名 CA 表示一定要回家照顧小孩，而其他同事亦表示不會幫此名 CA 處理有關其之工作，你會怎樣處理？

— 假如你的上司是一名非常難相處的人，而且對你的工作要求十分之高，並且經常挑剔你，對你的下屬之態度又唔好，你會怎樣處理？

— 假如你是運輸處的職員，期間在詢問處有一個中年男士，因為等候太久，因此向著你用粗言穢語大聲罵個不停，你會怎樣處理？

— 假如你是 ACO，你有兩名 CA 下屬，完全無自動自覺精神，而且非常懶散，你會怎樣處理？

— 假如你是 ACO，你有兩名 CA 下屬，他們均是處理相類同之工作，但其中一個做事好快手，快到一早做完工作之後，竟然在辦公室內玩手提電話；而另一個做事好慢，慢到竟然超時工作也未能夠做完。你會怎樣處理？

— 假如你是 ACO，你有一名 CA 下屬工作表現非常好，是你的得力助手，但是經常遲到以及早退，經常有同事在背後說你偏私，你會怎樣處理？

— 假如你是 ACO，你的兩名 CA 下屬因為工作不均，因此在寫字樓打架，以及受傷，你會怎樣處理？

【PART B】
文書助理

2016 年的文書助理（CA）招聘，政府開設 700 個職位，但卻收到幾萬份申請書。要擊敗眾多申請人的話，可以參考取自 2013 年一個成功脫穎而出的例子：

成功例子（一）

我是一位大學畢業生。本人自 2013 年開始擔任 CA。

政府於 2012 年 9 月，開始了 ACO 和 CA 的招聘。當時我於 2012 年 12 月首先進行了電腦測驗。那次測驗由於我沒有時間完成 Microsoft Word 一半的題目，所以未能通過 ACO 的電腦測驗。因此我只能獲邀進行 CA 的遴選面試。

於 2013 年 2 月某日下午，我到達上環面試試場時，當時有一位女 ACO 為我核對文件。現場氣氛不算緊張，我當日穿著白恤衫配黑西服、黑領呔和皮鞋，和其他在場沒有穿西服的考生比較，我顯得格外有自信。

期間等了半個小時，終於可以進入試場了。

當時有三位考官負責面試，中間那位是主考官，她是一位行政主任（Executive Officer，簡稱EO），年輕而且談吐大方得體，十分有禮貌。而這位 EO 旁邊的是兩位非常和藹可親的女士，亦是這次面試的副考官，她們均是文書職系的。而整個面試主要由中間的那位 EO 提問，全程約 20 分鐘左右完成。

面試的房間面積和其他私人公司比較小得多，而且面試人士竟然可以把雙腳放在枱下，和考官共同使用一張枱，對於考生的壓力與其他私人公司比較顯得少得多。

面試的第一個環節是自我介紹（用中文），自我介紹內容主要敍述我投考 CA 的原因。而自我介紹中考官沒有要求限定的時間，當時我打算以 1 分 45 秒把預備好的自我介紹說出，但當到了 1 分鐘後，主考官就叫停了。

然後主考官就開始展開提問：

1. 「如果你成為 CA，並且作為一位前枱職員，前面正在處理一群正在排隊的市民，但突然間有一位市民無故大吵大罵，並且要求馬上處理他的個案，你會如何處理？」

我答：「必須按照規則處理，並且應用到這條問題上。首先，我會馬上上前安慰此名市民，務求令他可以停止令人恐懼的行為，並告訴他我們是負責任的政府部門，務必會處理他的要求，但由於前面實在有很多市民排隊，希望他也可以守規則先排隊，只要排到他的時候就會處理他的個案，從而令他對我們充滿信心。當排到他的時候，我會安排一間房給他，希望他可以減少對其他市民的騷擾。我們會了解他的需要及大吵大罵的原因，然後為他找出負責的同事跟進，和一個適當處理他的個案的正確程序。最後我更會把自己的姓名電話給他，告訴對方我們十分願意繼續跟進，有問題可隨時找我。」

2. 「如果我在學生資助辦事處任職 CA，如何令學生可以盡快交齊申請資助所需要的文件？」

我答：「在這一瞬間我想起以情打動人心，我會在電話上告訴他，我們是站在他的一方，希望幫助他盡快取得資助，只要他盡快交齊文件，我們便可以盡快為他申請資助，令他可以盡快拿取學費，我們是站在他的一方，以情打動他。」

另外，這條問題是當中一位文書職系的副考官提問：假如你是 CA，你如何確保對方能夠收到你的傳真？」

我答：「最快捷的方法就是打電話找對方確認，然後在簿冊上作出記錄。」然後她讚我答得好！

接著，主考官和我進行一個英文環節，主要是她以英語和我互動對答的。她先給我一篇「領取六千元方法」的英文文章（約 100 至 150 字），然後要我用兩分鐘時間看，之後便問我兩條和這文章有關的問題，如果忘記了內文，是可以一邊看一邊回答的。

1. 「如何可以拿到六千元？」
2. 「如果延遲拿取六千元的獎勵是什麼？」

當我答完這兩條問題之後，另外一位文書職系之副考官問我除了想成為 CA，還有沒有其他目標？

我回答：「暫時沒有，只希望能夠處理好這次面試。」

接著主考官再看看時間，就說夠鐘了，然後問我是否有任何問題，需要補問，如果沒有，面試就到此為止。我說沒有，然後道別三位考官，之後就走出面試之房間。

這次面試後，我明白政府工面試最重要係心要「定」。接著過了兩星期後就收到取錄信。

成功例子（二）

　　對於我投考 CA，我其實已經有兩次經驗，第一次我被面試難倒而不獲招聘，自己當時實在非常失望，亦因為由招聘到收到結果的時間長達一年，固然更為緊張及難過。幸好我並沒有因為一次失敗而放棄，再次投考 CA，而且終於獲得被聘用。

　　還記得考技能測試時，心情非常緊張，氣氛跟會考試相似。當日我一早便到試場排隊等入場，在經過核對考生資料後，考生可以排隊進入試場就坐，每人都會對著一部電腦。我們需要先經過中文及英文的打字考核，而打字對於我來説是沒有難度，所以我好輕易便過關了；接著考的是電腦文書系統 Word 及 Excel。當然我於考試前已買了兩本書在家裡學習過才來應考。

建議一

　　如果不熟練打字，請在家先行練習，必須要熟練至比考試規定的字數更多，因為在試場內會有緊張及其他因素影響，一定難以跟家中練習的環境相比。而為免錯失面試的機會，請大家在家中應要多多練習。對於 Word 及 Excel，我認為買電腦書回家對著來練習便可以應付。

　　過了第一關的 Skill Test，接著當然是最難的面試，而且亦比第一關更為緊張，因為需要面對三位陌生的考官，對方會先自我介紹，之後可能會先要你作介紹自己，跟著會有一些問題需要回答，多數是工作中處境及與政府有關的時事問題，之後便需要讀出一篇英文短文（包括用英文回答數條與文章有關的問題），再到最後的基本法問題。最後，考官們會指示考生有否額外的問題需要知道。整個面試過程約 20 分鐘左右。

建議二

　　臨場緊張失準及無言以對總是致命傷，所以考生需要準備充足。面試前幾個月就需要開始留意時事新聞，尤其跟政府有關的；對於工作處境或有關考生自身的問題，則與私人機構面試的準備差不多；基本法則可在網上及到民政事務處取得基本法手冊來溫習便可。

　　最後，記著面試態度及衣著要端莊，盡力回答問題。如果覺得自己表現很好但最後失敗了，也有可能是因為考官的個人主觀對你沒有好感（始終考官也是人，人對人總有喜惡。），不用失望，等待下次再來。

　　期望見到努力及有準備的人能獲聘，希望我這篇感想能鼓勵大家勇於嘗試，不怕失敗，記著機會是留給有準備的人。

政府各部門熱門試題

1. 政制及內地事務

－立法會的職權是什麼？現時共有幾多個立法會議席？

－區議會的職權是什麼？你居住地區的區議員是誰？

2. 教育

－教科書電子化可否解決現有問題？

－你對新學制有什麼意見？

－你對通識教育有什麼意見？

3. 環境

－有什麼方法可以改善香港的空氣質素？

－你對辦公室環保有什麼意見？

－可以怎樣／在哪裡處置垃圾／固體廢物？應否關閉將軍澳堆填區？

4. 食物及衛生

－怎樣可以更有效保障食物安全？

－你對雙非孕婦湧港產子有什麼意見？

－你對醫療改革／融資有什麼意見？

5. 民政事務

－現時香港的文化節目主要由哪個部門負責？

－你對西九文化區有什麼期望？怎樣可以進一步發展本地的文化
　軟件？

－圖書館的設施和服務有什麼發展空間？

－下次奧運在何年及何地舉行？怎樣可以加強香港運動員的培
　訓？

6. 勞工及福利

－你對「就業交通津貼計劃」有什麼認識？

－政府有什麼扶貧措施，可以維護弱勢社群？

－現在的最低工資如何，你對此有什麼意見？

7. 保安

－邊境水貨客充斥衍生什麼影響，又如何解決？

－青少年吸毒問題有什麼解決方法？

－你對輸入專才計劃有什麼意見？

8. 運輸及房屋

－怎樣可以改善灣仔告士打道交通？

－你對港鐵票價「可加可減」機制有什麼意見？

－是否贊成港人港地政策及禁止內地人在港買賣置業？

－是否應該恢復興建居屋？

－對商場育嬰間有什麼意見？

9. 商務及經濟發展

－怎樣可以推動香港的經濟貿易發展？

－怎樣可以協助電影業的發展？

－香港電台怎樣提供更好節目質素？

－你對推廣香港的旅遊業有什麼意見？可以在哪些新興市場加強

　推廣香港？

－怎樣提升旅遊業的服務質素？

－迪士尼怎樣可以和上海競爭？

10. 發展

－香港政府的十項大型基建工程（十大建設）有什麼進展？你認
　為哪一項應該加快建設？

－珠澳大橋預計何時建成和開通？香港的起點站在哪裡？落成
　後，私家車收費多少？

－「廣深港高速鐵路」香港段總站設在哪裡？預期何時建成？

11. 財經事務及庫務

－怎樣可以鞏固本港作為金融中心的地位？

－怎樣可以保持本港物流發展的領先地位？

－銷售稅有什麼好處或壞處？

Q & A 考生急症室

常見的面試提問及解決考生疑難問題如下：

1. 立法會是什麼機構？

答：根據《基本法》，香港特別行政區享有立法權，而立法會是香港特別行政區的立法機關。

2. 第六屆立法會共有多少位議員？他們是怎樣產生的？

答：第六屆立法會由 70 位議員組成，其中 35 位議員經分區直接選舉產生，其餘由功能團體選舉產生。第六屆立法會的任期由 2016 年至 2020 年。立法會主席由立法會議員互選一人出任。

3. 立法會的職責是什麼？

答：立法會的主要職能是制定法律；監管公共開支；以及監察政府工作。立法會亦獲授權同意終審法院法官和高等法院首席法官的任免，並有權彈劾行政長官。

4. 議員怎樣履行職責？

答：議員除出席立法會全體會議處理立法會事務外，亦透過立法會轄下 18 個事務委員會，監察政府施政。內務委員會在有需要時，會成立法案委員會，審議政府或議員所提交的法律草案。

5. 立法會如何審核及批准政府的財政預算案？

答：財政司司長每年會以撥款法案的形式，向立法會發表財政預算案，提出政府下一個財政年度的全年收入及開支建議，並動議就撥款法案進行二讀，使每年財政預算案中各項開支建議在法律上生效。撥款法案在立法會提出後，有關該法案的二讀辯論即告中止待續。立法會主席可先將財政預算案內已併入開支預算的開支建議，交由立法會轄下的財務委員會詳細審核。

財務委員會會舉行特別會議，詳細審核財政預算案的內容，目的是確保所要求的撥款，不會超過執行核准政策所需的款項。在特別會議後，財務委員會主席會向立法會提交一份報告。在恢復二讀辯論撥款法案的會議上，議員可就財政預算案發表意見。政府官員會在隨後舉行的另一次立法會會議上就議員的致辭作出回應，而撥款法案亦會於這次會議上進行餘下的二讀及三讀程序。

至於財政預算案內的收入建議，政府當局會以法案或附屬法例的形式提交，供立法會審議。有關收入的法案亦須像其他法案般經過所需的三讀程序。

6. 除財政預算案外，立法會還會審議政府其他的開支建議嗎？

答：會。立法會設有一個財務委員會，負責審核及批准政府提交的公共開支建議。財務委員會轄下設有人事編制小組委員會及工務小組委員會，分別負責審核政府提出有關增刪首長級職位、更改公務員職級架構，以及進行建造工程的建議。不過，這些撥款建議最終仍須由財務委員會審議通過。而財務委員會通常於星期五舉行會議。

7. 財務委員會包括什麼成員？

答：除立法會主席外，其餘 69 位議員均是財務委員會的成員。財務委員會的正、副主席，由委員會委員互選產生。

8. 立法會議員會討論《施政報告》的內容嗎？

答：會。在行政長官發表《施政報告》後，身為內務委員會主席的議員會在立法會會議上動議致謝議案，感謝行政長官發表《施政報告》。該會議一般會舉行三天，議員們會在致謝議案辯論中，提出對《施政報告》的意見，而政府官員亦會作出回應。

9. 除發表施政報告外，行政長官會出席立法會會議嗎？

答：會。行政長官大約一年出席四至五次答問大會，親自答覆議員的質詢。行政長官亦會定期出席立法會主席為行政長官、行政會議成員、政府高級官員及立法會議員而設的午宴，加強雙方的溝通。

PART 5 公務員之福利

公務員的附帶福利

　　公務員可享有多項附帶福利，當中視乎其職級、服務年資、聘用條款及其他規例而有所不同。而這些福利則包括：

－醫療及牙科福利

－教育津貼

－房屋福利

－假期

－旅費

－退休福利

　　而因公殉職或因公受傷、又或者在職身故的公務員，其本人或家屬則可以獲得多項福利的保障：

－因公殉職或因公受傷的公務員可獲得的福利

－因公受傷而退休的公務員可獲得的福利

－在職身故的公務員可獲得的福利

公務員的退休保障

一般而言，公務員年屆指定的正常退休年齡便須退休。

這項政策目的是令公務員隊伍能夠不斷加入新血，並且令到較年青的公務員可以對本身的職業前途及晉升抱有期望。

根據香港退休金法例規定，按可享退休金條款受聘的公務員，在舊退休金計劃、新退休金計劃或公務員公積金計劃（公積金計劃）下，紀律部隊職系公務員（紀律部隊人員）的訂明退休年齡為 55 或 57 歲（視乎職級而定），而文職職系公務員的正常退休年齡則為 60 歲。

除特別情況外，政府一般不會考慮繼續聘用已超過正常退休年齡的員工。

按合約或其他條款受聘的公務員的聘用期，通常是不會超過 60 歲。

有關人員退休時，其將會享有退休金法例規定或其受聘條款所指定的退休福利。在 2000 年 6 月 1 日前按可享退休金條款受聘的公務員退休時，可按所屬退休金計劃獲發退休金。

其他並非按可享退休金條款受聘的公務員，包括於 2000 年
6 月 1 日或以後按新試用／合約條款受聘的人員，將獲《強制性
公積金計劃條例》下的強積金供款（在《強制性公積金計劃條例》
下獲豁免的人員除外）。

當有關人員按新長期聘用條款受聘時，他們便可加入公務員
公積金計劃（公積金計劃），從而獲得有關的福利。

退休公務員的福利及服務

　　政府除了照顧在職的公務員外,亦會顧及退休公務員的福利。在政府提供的退休福利及服務以外,退休公務員仍可享用政府隊所提供的多項福利及服務,當中包括:

－退休公務員服務組

－退休公務員福利基金

－退休後就業

－醫療及牙科福利

－租用政府度假設施

－退休公務員旅行

退休公務員服務組

　　公務員事務局於 1987 年 12 月成立了「退休公務員服務組」，為行將退休的人員和退休公務員提供下列服務：

－發布與退休公務員有關的消息

－提供諮詢服務，範圍包括：發放退休金安排、遺屬撫恤金計劃供款、稅務負擔、醫療及牙科診療等

－協助遇到困難的退休公務員，例如將個案轉介有關部門等。

　　而退休公務員服務組亦設有「退休公務員資源中心」，地點位於香港添馬添美道 2 號政府總部西翼 5 樓 508 室。資源中心訂有多份雜誌和日報，供退休公務員閱讀消閒。退休公務員亦可使用設置的電腦，查閱互聯網上的電子郵件。

退休公務員的福利基金

公務員事務局設有「退休公務員福利基金」，由退休公務員服務組管理。

退休公務員福利基金的建立目的，是向真正有困難的退休公務員或 已故退休公務員的家屬，提供經濟援助。

退休公務員（支取退休金或年積金而非額外退休金）或已故退休公務員的尚存配偶或受供養子女，不論在何處定居，均可向福利基金申請撥款以作援助。

而福利基金所撥出的援助是一筆過形式，個案批准與否的主要考慮因素包括：

－申請人及其家庭成員的收支狀況

－曾否獲得其他相同性質的基金資助等

申請如獲批准可獲發放的最高款額通常為 6,000 元。福利基金撥款援助的主要用途，包括：

－醫療費用（包括特別醫療器材的費用）

－殯葬費

　　所有申請必須根據開支的收據審批。

退休公務員的就業

公務員在退休後從事政府以外的工作，不但可使生活有所寄託，更可以獲得額外收入。

勞工處就業科的就業中心免費提供職業介紹服務。每間就業中心均設有專櫃為 50 歲或以上的求職人士提供服務。

假如退休公務員需要使用這項服務，可與就近的勞工處辦事處聯絡；亦可致電勞工處的熱線 2591-1318 或電郵：esd-enquiry@labour.gov.hk 查詢。

此外，退休公務員亦可以瀏覽勞工處的互動就業服務網頁，查詢有關資料。

首長級公務員（不論其聘用條款）以及按可享退休金條款退休的非首長級公務員，如在離職前休假期間及／或離開政府後的指定期間內從事外間工作，均須事先得到批准。詳情請參閱公務員隊伍的管理內，有關停止政府職務後從事外間工作一欄。」

在職及退休公務員的醫療及牙科福利

　　在職公務員及退休公務員均可以同樣享有下列各類醫療及牙科福利：

－退休後居於本港，並且領取退休金或年積金，其家屬若居於香港，亦同樣享有資格

－殉職公務員居於香港的家屬

－若公務員於在職又或者於退休後身故，其居於香港並且根據「孤寡撫恤金計劃」又或「尚存配偶及子女撫恤金計劃」，領取退休金的家屬（已故公務員的配偶如果再婚，則未能享有資格）。

（「家屬」的定義是指退休公務員的配偶，以及年齡在 21 歲以下的未婚子女。）

如果是 19 歲或 20 歲的未婚子女，則必須根據下列情況才符合資格：

－正在接受全時間教育

－正在接受全時間職業訓練

－因身體衰弱

－精神欠妥而須依賴該名退休公務員供養

此外，如果當局根據《退休金條例》或《退休金利益條例》暫停支付退休金或年積金予有關之退休公務員，由於有關之人員在這段期間，並非領取退休金或年積金，因此其本人以及家屬在該段期間，並不合資格享有醫療及牙科福利。

退休公務員租用政府度假設施

　　由 1995 年 3 月 1 日，退休公務員亦可以在平日（公眾假期除外）租用大嶼山長沙和大埔大美督的政府度假屋設施。這項安排的目的，是為退休公務員提供額外的康樂設施。

退休公務員的團體

　　以下的退休公務員團體是開放給退休公務員參加：

－香港政府華員會退休公務員分會

－香港退休公務員會

－香港前高級公務員協會

－香港警務處退役同僚協會

－香港消防退休人員互助會

－香港海關退休人員協會

－香港前入境處職員協會

－懲教署退休人員協會

PART 6 考政府工必讀資料

香港特別行政區政府組織圖

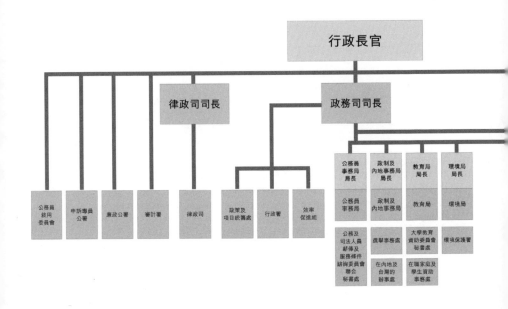

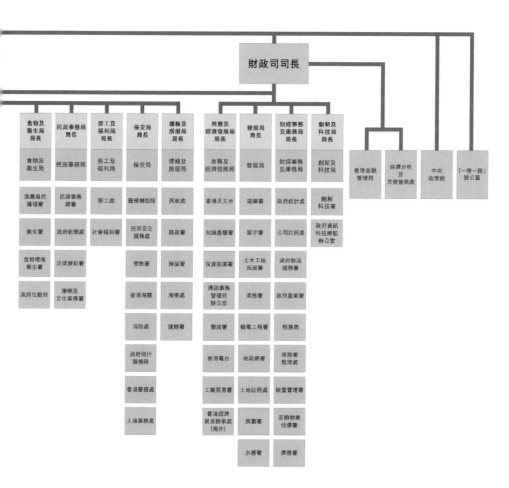

財政司司長

食物及衛生局局長	民政事務局局長	勞工及福利局局長	保安局局長	運輸及房屋局局長	商務及經濟發展局局長	發展局局長	財經事務及庫務局局長	創新及科技局局長
食物及衛生局	民政事務局	勞工及福利局	保安局	運輸及房屋局	商務及經濟發展局	發展局	財經事務及庫務局	創新及科技局

漁農自然護理署
衛生署
食物環境衛生署
政府化驗所

民政事務總署
政府新聞處
法律援助署
康樂及文化事務署

勞工處
社會福利署

醫療輔助隊
民眾安全服務隊
懲教署
香港海關
消防處
政府飛行服務隊
香港警務處
入境事務處

民航處
路政署
房屋署
海事處
運輸署

香港天文台
知識產權署
投資推廣署
通訊事務管理局辦公室
郵政署
香港電台
工業貿易署
香港經濟貿易辦事處（海外）

建築署
屋宇署
土木工程拓展署
渠務署
機電工程署
地政總署
土地註冊處
規劃署
水務署

政府統計處
公司註冊處
政府物流服務署
政府產業署
稅務局
保險業監理處
破產管理署
差餉物業估價署
庫務署

創新科技署
政府資訊科技總監辦公室

香港金融管理局
經濟分析及方便營商處
中央政策組
「一帶一路」辦公室

163

認識特區政府行政架構

政府行政架構：　13 個決策、61 個部門和機構

公務員人數、編制：截至 2016 年 9 月 30 日，

職位編制人數 176,302

公務員組合：　約 380 個職系、約 1,300 個職級

約 1,300 名首長級人員

約 24,000 名文員書及秘書職系人員

僱用條款：　約 95% 人員按可享受退休福利條款受聘

人手流失率：　每年約 3%

特區政府行政架構

行政長官

財政司司長

政務司司長

律政司司長

13 個決策局

61 個部門和其他提供服務的政府機構

約 176,302 名公務員

基本法

－香港是中華人民共和國成立的特別行政區

－根據基本法，除國防和外交事務外，香港享有高度自治。

－基本法保證此自治權維持五十年不變，並制矢由行政長官和行政會議領導的管治體制、代議政制架構以及獨立的司法機構。

1. 行政長官

— 香港特別行政區的首長，由選舉委員會根據基本法選舉，並經中央人民政府委任產生。

— 負責執行基本法、簽署法案和財政預算案、頒布法例、決定政府政策以及發布行政命令。

— 由行政會議協助制定政策

2. 政務司司長

— 監督及指導指定決策局工作

— 制訂政策和協調其實施

— 指定優先處理項目

— 擬定立法議程時間表

— 處理上訴和某些公共機構的運作

由政務司司長領導的 9 個（政務）決策局

－公務員事務局

－政制及內地事務局

－教育局

－環境局

－食物及衛生局

－民政事務局

－勞工及福利局

－保安局

－運輸及房屋局

3. 財政司司長

－總攬財金政策

－督導財經、金融、經濟、貿易和就業範疇內政策的制訂和實施；

－向立法會提交政府的收支預算案及發表演辭，並動議通過撥款
　條例草案，使各項開支建議，在法律上生效。

由財政司司長領導的 4 個（財政）決策局

－商務及經濟發展局

－發展局

－財經事務及庫務局

－創新及科技局

4. 律政司司長

－主管律政司：負責政府的法律事務，包括刑事檢控、草擬政府
　提出的法律，以及為政府提供意見等。

5. 公務員事務局

－負責部門：公務及司法人員薪俸及服務條件諮詢委員會聯合秘
　書處

公務員事務局

－管理公務員隊伍

6. 政制及內地事務局

－負責部門：選舉事務處、政府駐北京辦事處、香港經濟貿易辦事處（內地）

－主要政策範疇：香港的政制發展、香港與內地關係、人權及公開資料的政策

7. 教育局

－負責部門：大學教育資助委員會秘書處、學生資助辦事處

8. 環境局

－負責部門：

－主要政策範疇：環境保護、可持續發展及能源

9. 食物及衛生局

－負責部門：漁農自然護理署、衛生署、食物環境衛生署、政府化驗所

－主要政策範疇：食物安全、環境衛生、健康

10. 民政事務局

－負責部門：民政事務總署、政府新聞處、法律援助署、康樂及
文化事務署

－主要政策範疇：地方行政、社區及青少年發展、大廈管理、法
律援助、社會企業、藝術、文化、體育及康樂

11. 勞工及福利局

－負責部門：勞工處、社會福利署

－主要政策範疇：扶貧、勞工、人力、福利

12. 保安局

－負責部門：醫療輔助隊、民眾安全服務處、懲教署、海關、消
防處、政府飛行服務隊、警務處、入境事務處

－主要政策範疇：內部保安及維持治安、緊急事故應變處理、出
入境管制及跨境措施、消防及緊急救援服務、懲教服務、禁毒、
對抗洗黑錢及打擊恐怖份子的財政

13. 運輸及房屋局

－負責部門：民航處、路政署、房屋署、海事處、運輸署

－主要政策範疇：航空、航運、陸路及水路交通、物流發展、房屋事務

14. 商務及經濟發展局

－負責部門：天文台、創新科技署、知識產權署、投資產權署、政府資訊科技署、通訊事務管理辦公室、郵政署，香港電台、工業貿易署、香港經濟貿易辦事處（海外）

－主要政策範疇：工商、電訊、科技、創意產業、廣播、旅遊、保障消費者權益及競爭政策

15. 發展局

－負責部門：建築署、屋宇署、土木工程拓展署、渠務署、機電工程署、地政總署、土地註署處、規劃署、水務署

－主要政策範疇：規劃、土地使用、屋宇、市區重建、建造和工程、與發展有關的文物保育事宜

16. 財經事務及庫務局

－負責部門：政府統計處、公司註冊處、政府物流服務署、政府產業署、稅務局、保險業監處、破產管理處、差餉物業估價署、庫務署

－主要政策範疇：財經事務、公共財政

行政會議的職權

　　按照基本法，行政會議是協助行政長官決策的機構。行政會議每周舉行一次會議，由行政長官主持。

　　行政長官在作出重要決策、向立法會提交法案、制定附屬法規和解散立法會前，須徵詢行政會議的意見。但在人事任免、紀律制裁和緊急情況下採取措施的事宜上，行政長官則無須徵詢行政會議。行政長官如不採納行政會議多數成員的意見，應將具體理由記錄在案。

　　行政會議成員均以個人身分提出意見，但行政會議所有決議均屬集體決議。

行政會議成員的任免

按照《基本法第五十五條》，香港特別行政區行政會議的成員由行政長官從行政機關的主要官員、立法會議員和社會人士中委任。現時行政會議成員包括問責制下委任的 16 位主要官員及 14 位非官守議員。

行政會議的成員必須由在外國沒有居留權的香港特別行政區永久性居民中的中國公民擔任，其任免由行政長官決定。

行政會議成員的任期

行政會議成員任期應不超過委任他的行政長官的任期。

行政會議成員成員

主席	行政長官
官守議員	政務司司長
	財政司司長
	律政司司長
	運輸及房屋局局長
	民政事務局局長
	勞工及福利局局長
	財經事務及庫務局局長
	商務及經濟發展局局長
	政制及內地事務局局長
	保安局局長
	教育局局長
	公務員事務局局長
	食物及衞生局局長
	環境局局長
	發展局局長
非官守議員	14位

認識立法會

1. 立法機關的歷史

　　香港自 1841 年 1 月 26 日至 1997 年 6 月 30 日止是英國的殖民地，其首份憲法是由維多利亞女皇以《英皇制誥》形式頒布，名為《香港殖民地憲章》，並於 1843 年 6 月 26 日在總督府公布。該憲章批准成立立法局，並授權「在任的總督……在取得立法局的意見後制定及通過為維持香港的和平、秩序及良好管治 而不時需要的所有法律及條例。」於 1888 年頒布取代 1843 年憲章的《英皇制誥》，其文本於「的意見」之後加入「及同意」等重要字眼。

　　香港由 1997 年 7 月 1 日成為中華人民共和國的特別行政區。根據於同日生效的《中華人民共和國香港特別行政區基本法》（《基本法》），香港特別行政區享有立法權，而立法會是

香港特別行政區的立法機關。

《基本法》第六十六至七十九條就立法會的成立、任期、職權，以及其他事項訂立規定。立法會的職權包括制定、修改和廢除法律；審核及通過財政預算、稅收和公共開支；以及對政府的工作提出質詢。此外，立法會更獲得《基本法》賦予權力以同意終審法院法官和高等法院首席法官的任免，並有權彈劾行政長官。

立法會在過去一個半世紀經歷了不少重大轉變，由作為一個諮詢架構演變為一個具權責以制衡行政部門的立法機關。以下是立法會自 1997 年的演變如下：

1997 年

臨時立法會於 1997 年 1 月 25 日在深圳召開首次會議，選舉臨時立法會主席。臨時立法會隨後繼續在深圳舉行會議，直至 1997 年 7 月 1 日香港特別行政區成立後，改為在香港舉行會議。

1998 年

香港特別行政區第一屆立法會選舉於 1998 年 5 月 24 日舉行。

《基本法》規定,第一屆立法會由 60 人組成,其中:

－分區直接選舉產生議員 20 人

－選舉委員會選舉產生議員 10 人

－功能團體選舉產生議員 30 人

－立法會主席由立法會議員互選產生

－任期由 1998 年 7 月 1 日,為期兩年。

2000 年

香港特別行政區第二屆立法會選舉於 2000 年 9 月 10 日舉行。

《基本法》規定,第二屆立法會由 60 人組成,其中:

－分區直接選舉產生議員 24 人

－選舉委員會選舉產生議員 6 人

－功能團體選舉產生議員 30 人

－立法會的任期為期 4 年

－任期由 2000 年 10 月 1 日開始

2004 年

　　香港特別行政區第三屆立法會選舉於 2004 年 9 月 12 日舉行，共有 60 名立法會議員，其中：

－分區直接選舉產生議員 30 人

－功能團體選舉產生議員 30 人

－立法會的任期為期 4 年

－任期由 2004 年 10 月 1 日開始

2008 年

　　香港特別行政區第四屆立法會選舉於 2008 年 9 月 7 日舉行。共有 60 名立法會議員，其中：

－分區直接選舉產生議員 30 人

－功能團體選舉產生議員 30 人

－立法會的任期為期 4 年

－任期由 2008 年 10 月 1 日開始

2012 年

　　香港特別行政區第五屆立法會選舉於 2012 年 9 月 9 日舉行。現有 70 名立法會議員，其中：

－分區直接選舉產生議員 35 人

－功能團體選舉產生議員 35 人

－立法會的任期為期 4 年

－任期由 2012 年 10 月 1 日開始

2016 年

　　香港特別行政區第六屆立法會選舉於 2016 年 9 月 4 日舉行。投票選出 70 名立法會議員，其中：

－分區直接選舉產生議員 35 人

－功能團體選舉產生議員 35 人

－立法會的任期為期 4 年

－任期由 2016 年 10 月 1 日開始

立法會的職能

　　立法會的主要職能是制定、修改和廢除法律；審核及通過財政預算、稅收和公共開支；以及對政府的工作提出質詢。立法會亦獲授權同意終審法院法官和高等法院首席法官的任免，並有權彈劾行政長官。

2. 立法會的組成

　　第六屆立法會由 70 位議員組成，其中 35 位議員經分區直接選舉產生，其餘由功能團體選舉產生。第六屆立法會的任期由 2016 年至 2020 年。立法會主席由立法會議員互選一人出任。

3. 立法會選舉

　　有關立法會選舉的資料，請瀏覽香港特別行政區選舉管理委員會網頁。

4. 立法會的職權

根據《基本法》第七十三條，立法會負責行使下列職權：

根據《基本法》規定並依照法定程序制定、修改和廢除法律；

－根據政府的提案，審核、通過財政預算；

－批准稅收和公共開支；

－聽取行政長官的施政報告並進行辯論；

－對政府的工作提出質詢；

－就任何有關公共利益問題進行辯論；

－同意終審法院法官和高等法院首席法官的任免；

－接受香港居民申訴並作出處理；

如立法會全體議員的四分之一聯合動議，指控行政長官有嚴重違法或瀆職行為而不辭職，經立法會通過進行調查，立法會可委托終審法院首席法官負責組成獨立的調查委員會，並擔任主席。調查委員會負責進行調查，並向立法會提出報告。如該調查委員會認為有足夠證據構成上述指控，立法會以全體議員三分之二多數通過，可提出彈劾案，報請中央人民政府決定；及在行使上述各項職權時。如有需要，可傳召有關人士出席作證和提供證據。

5. 立法會的會議

立法會在會期內通常每星期三在立法會綜合大樓會議廳舉行會議，處理立法會事務，包括：提交附屬法例及其他文件；提交報告及發言；發表聲明、提出質詢、審議法案，以及進行議案辯論。

行政長官亦會不時出席立法會的特別會議，向議員簡述有關政策的事宜及解答 議員提出的質詢。立法會所有會議均公開進行，讓市民旁聽。會議過程內容亦以中、英文逐字記錄，載於《立法會會議過程正式紀錄》內。

6. 委員會制度

立法會議員透過委員會制度，履行研究法案、審核及批准公共開支及監察政府施政等重要職能。立法會轄下有 3 個常設委員會，分別是：

1. 財務委員會；
2. 政府帳目委員會；及
3. 議員個人利益監察委員會。

而內務委員會在有需要時，會成立法案委員會，研究由立法會交付的法案。

此外，立法會轄下設有 18 個事務委員會，定期聽取政府官員的簡報，並監察政府執行政策及措施的成效。

7. 事務委員會及其下的小組委員會

為監察政府的施政，立法會設立 18 個事務委員會，就特定政策範圍有關的事項進行商議。在重要立法或財政建議正式提交立法會或財務委員會前，事務委員會亦會就該等建議提供意見，此外亦會研究由立法會或內務委員會交付事務委員會討論，或由事務委員會自行提出的，廣受公眾關注的重要事項。

第六屆立法會（2016 至 2020 年事務委員會及其下的小組委員會）

1. 司法及法律事務委員會
2. 工商事務委員會
3. 政制事務委員會

4. 發展事務委員會

   －監察西九文化區計劃推行情況聯合小組委員會

5. 經濟發展事務委員會

6. 教育事務委員會

7. 環境事務委員會

   －垃圾收集及資源回收小組委員會

8. 財經事務委員會

9. 食物安全及環境衞生事務委員會

   －研究動物權益相關事宜小組委員會

   －研究公眾街市事宜小組委員會（在輪候名單上）

10. 衞生事務委員會

    －長期護理政策聯合小組委員會

11. 民政事務委員會

    －監察西九文化區計劃推行情況聯合小組委員會

12. 房屋事務委員會

    －跟進橫洲發展項目事宜小組委員會（在輪候名單上）

    －跟進本地不適切住屋問題及相關房屋政策事宜小組委員會

    （在輪候名單上）

13. 資訊科技及廣播事務委員會

14. 人力事務委員會

15. 公務員及資助機構員工事務委員會

16. 保安事務委員會

17. 交通事務委員會

　　－鐵路事宜小組委員會

18. 福利事務委員會

　　－長期護理政策聯合小組委員會

8. 申訴制度

　　立法會申訴制度是由立法會運作的制度。透過這制度，議員接受並處理市民對政府措施或政策不滿而提出的申訴。申訴制度亦處理市民就政府政策、法例及公眾所關注的其他事項提交的意見書。

　　每周有 7 位議員輪流當值，監察申訴制度的運作，並向處理申訴個案的立法會秘書處公共申訴辦事處職員作出指示。同時，議員亦輪流於當值的一周內值勤，接見已預約的申訴人（包括個別人士及申訴團體），討論其申訴事項。

9. 立法會主席

　　根據《基本法》第 71 條，立法會主席由議員互選產生。梁君彥於 2016 年 10 月 12 日的立法會會議上，當選為第六屆立法會主席。

　　根據《基本法》第 72 條，立法會主席須主持立法會會議決定立法會會議議程及開會時間；在休會期間召開特別會議；應行政長官的要求召開緊急會議；以及行使立法會的《議事規則》所訂明的其他職權。

第六屆立法會

（任期由 2016 至 2020 年）

主席	梁君彥	
議員	葉劉淑儀	香港島
	張國鈞	香港島
	郭偉強	香港島
	許智峯	香港島
	陳淑莊	香港島
	羅冠聰	香港島
	柯創盛	九龍東
	黃國健	九龍東
	謝偉俊	九龍東
	胡志偉	九龍東
	譚文豪	九龍東
	蔣麗芸	九龍西
	梁美芬	九龍西
	黃碧雲	九龍西
	毛孟靜	九龍西
	劉小麗	九龍西
	葛珮帆	新界東
	陳克勤	新界東

	容海恩	新界東
	林卓廷	新界東
	梁國雄	新界東
	張超雄	新界東
	楊岳橋	新界東
	陳志全	新界東
	田北辰	新界西
	梁志祥	新界西
	陳恒鑌	新界西
	麥美娟	新界西
	尹兆堅	新界西
	何君堯	新界西
	鄭松泰	新界西
	郭家麒	新界西
	朱凱迪	新界西
	劉國勳	區議會（第一）
	李慧琼	區議會（第二）
	周浩鼎	區議會（第二）
	涂謹申	區議會（第二）
	鄺俊宇	區議會（第二）
	梁耀忠	區議會（第二）
	劉業強	鄉議局
	何俊賢	漁農界

	易志明	航運交通界
	葉建源	教育界
	郭榮鏗	法律界
	梁繼昌	會計界
	陳沛然	醫學界
	李國麟	衛生服務界
	盧偉國	工程界
	姚松炎	建築、測量、都市規劃及園境界
	邵家臻	社會福利界
	姚思榮	旅遊界
	林健鋒	商界（第一）
	張華峰	金融服務界
	馬逢國	體育、演藝、文化及出版界
	鍾國斌	紡織及製衣界
	邵家輝	批發及零售界
	莫乃光	資訊科技界
	張宇人	飲食界
	陳健波	保險界
	潘兆平	勞工界
	何啟明	勞工界
	陸頌雄	勞工界
	石禮謙	地產及建造界
	廖長江	商界（第二）

	梁君彥	工業界（第一）
	吳永嘉	工業界（第二）
	陳振英	金融界
	黃定光	進出口界

看得喜 放不低

創出喜閱新思維

書名	投考公務員ACO/ CA測試全攻略　修訂版
ISBN	978-988-77411-1-4
定價	HK$88
出版日期	2017年2月
作者	Mark Sir
責任編輯	投考公務員系列編輯部
版面設計	samwong
出版	文化會社有限公司
電郵	editor@culturecross.com
網址	www.culturecross.com
發行	香港聯合書刊物流有限公司
	地址：香港新界大埔汀麗路36號中華商務印刷大廈3樓
	電話：（852）2150 2100
	傳真：（852）2407 3062